中华茶文化丛书

◎丛书主编 黄小勇

茶之器

◎主编 黄文哲 李 菲

武汉大学出版社
WUHAN UNIVERSITY PRESS

图书在版编目（CIP）数据

茶之器 / 黄文哲，李菲主编 . —武汉：武汉大学出版社，2015.3
中华茶文化丛书 / 黄小勇主编
ISBN 978-7-307-14881-9

Ⅰ . 茶… Ⅱ . ① 黄… ② 李… Ⅲ . 茶具—文化—中国
Ⅳ .TS972.23

中国版本图书馆 CIP 数据核字（2014）第 269887 号

责任编辑：余 梦 责任校对：方竞男 装帧设计：吴 极

出版发行：**武汉大学出版社**（430072 武昌 珞珈山）

（电子邮件：whu_publish@163.com 网址：www.stmpress.cn）

印刷：武汉市金港彩印有限公司

开本：720×1000 1/16 印张：10.25 字数：130 千字

版次：2015 年 3 月第 1 版 2015 年 3 月第 1 次印刷

ISBN 978-7-307-14881-9 定价：80.00 元

　　茶第一次给我留下深刻的印象，要追溯到 30 年前的那个春天。我到与学校相邻的城市杭州游玩，无意中走到了著名的龙井大队。恰好赶上春茶上市的日子，村边小路的两侧，密密麻麻地摆满了茶农自家生产的龙井茶，蜿蜒曲折的茶叶阵蔓延数公里。当时的集市十分简陋，一家一个箩筐，箩筐上面放一个大大的簸箕，簸箕上堆满了茶叶。每个农家都在簸箕的一角放一个大大的玻璃杯，里面泡的都是自家预售的茶叶。放眼望去，处处都是新茶的嫩绿，柔柔的嫩叶舒展在杯中，缕缕热气从杯中袅袅升起，与早春时节山中的薄雾相映成趣，满眼的嫩绿和不时吸入鼻中那若有若无的茶香味融合在一起，眼前一片春意盎然的景象。一时间，人竟有些恍惚，有一种飘飘然、如临仙境的感觉。我定了定神，沿着小道走了下去，最后，在一个自认为最好的茶叶摊前停下脚步。在茶主的盛情邀请下，我端起玻璃杯，大大地喝了一口（请原谅，当时的我真的不知道茶是要慢慢去品的），也许是我喝得太快，茶水入口时并没有什么特别的感觉。而当茶水被咽下去后，令人震惊的事情发生了，只觉得一股清新之气在口腔中盘旋，直冲鼻腔，好像真的是七窍都要通了一般。不知道古人的"六碗通仙灵"是不是描述我当时的感受，但可以肯定的是我在喝第一口时就有了"通仙灵"的感觉。当我鼓起勇气询问茶叶的价格，希望买上一点回去品尝的时候，摊主平静的回答，让我震惊了，他告诉我"200 元一斤"。当时正在上大学的我，一个月的生活费也就只有 30 元左右！一斤茶叶居然要花费我半年的生活费！说实话，当时的我对茶叶并没有太多的认识，只知道它是一种可以泡来喝的饮料，大多是闲人们打发时间的饮品。看到我震惊的样子，摊主笑着给我讲起了龙井茶的故事。从茶农的口中我第一次听到了"虎跑泉水龙井茶"的传说，也第一次知道了茶叶的采摘是有时间要求的，不同的采摘时间和加工方法会给茶叶的品质带来巨大的影响。好的茶叶因为有极为苛刻的采摘和加工要求，产量十分有限，所以价格昂贵。当然也有品质一般的茶叶，只需要几块钱一斤。

真正让我对茶产生兴趣是在大学最后一年的夏天。那年中国航空公司宣布寒暑假期间可以对在校大学生出售半价飞机票，但前提条件是只在每天下午 3 点钟以后出售未卖完的第二天的机票。为了买到一张半价机票，几乎有一周的时间我每天下午都要从浦东跑到我预乘航班航空公司的售票大厅排队等票。上海的 7 月极为闷热潮湿，在正午的烈日下奔跑是极耗体力的。终于有一天我有些扛不住了，整个人都感觉到发虚发飘，口腔中不时有口水不受控制地涌出来，我知道自己要中暑了。误打误撞中跑进了城隍庙里的豫园茶楼，现在也记不清当时是为什么点了一壶龙井茶。几杯茶下去，中暑的感觉彻底消失了，虽然没有"两腋清风生"，但也有了几分神清气爽的感觉。原来这不起眼的茶叶居然有如此惊人的功效！从那时起，我对茶叶的兴趣便一发不可收拾，开始了对中华茶文化真正意义上的收集和研究。

几乎每一个中国人都知道"开门七件事，柴米油盐酱醋茶"，它反映了茶作为生活必需品在中国人日常生活中的重要地位。客来敬茶，是中国人待人接物的基本礼节。茶间话家常，其乐融融。随着中国社会的发展，茶作为一种文化载体，在保持其自然属性的同时，也引起了人们的关注，带领人们回归自然，予人以精神寄托。中国文人强调"人生八雅""琴棋书画诗酒花茶"。中华茶文化源远流长，博大精深，为中华民族之国粹。从开门七件事的"茶"，到人生八雅的"茶"，从物质的茶到精神的茶，中华茶文化的发展经历了漫长的孕育期，在汲取了大量的中华民族传统文化精华的基础上，与时代的政治、经济、文化及人们的日常生活产生了完美的融合，并由此开始了其自身的形成与发展历程。

纵观我国茶文化的历史，中华茶文化的发展大致经历了以下几个阶段。

一、茶文化的孕育期

上古的黄帝时代，中华历史上发生了一个重大变化——文字的发明，这标志着中华历史迈进了文明的时代。文字发明以前，人们一般以实物记事。从传说和民族学的资料来看，上古记事的主要办法为结绳和刻契。而结绳应用于神农氏以前，至黄帝时代，随着经济、文化、生活的快速进步，结绳记事已无法在使用范围和速度上完全满足人类传递信息的需要了，古人通过兽蹄鸟迹的规律，发明了文字，便于交流。由于文字的发明，中华历史发展中的优秀文化得以传承。中华茶文化的记载便是从此时开始的。

相传在上古的黄帝时代，神农氏尝百草并写下了记载各种草石功效的《神农本草》，又名《神农本草经》，它是我国现存最早的药学专著。《神农本草》里记载，现今的四川益州是最早的茶区之一，采摘在农历的三月初三进行。这说明茶叶在此时已被视为药饮在民间流行。中国最早的诗歌总集《诗经》收集了从西周初期至春秋中叶大约 500 年间的诗歌 305 篇，其中提到"茶"字的地方就有近十处。这里的"茶"字也许并不全部指我们现在意义上的"茶"，但其中诸如"谁谓茶苦，有甘如荠""采茶薪樗，食我农夫"等的描述，则被学者们公认为是关于茶事的最早记载。春秋时期婴相齐景公时（公元前 547—公元前 490 年），有记载表明人们吃脱去谷皮的粗粮饭，烤食三种禽鸟和牛、猪、狗、鸡、羊的卵部，最后"茗茶而已"，表明茶叶已作为菜肴汤料，供人食用。三国时期魏张揖著《广雅》中有"荆巴间采茶作饼，叶老者饼成，以米膏出之。欲煮茗饮，先炙令赤色，捣末置瓷器中，以汤浇覆之，用葱、姜、橘芼之"的记载，这是目前发现的最早的关于茶饼制作和泡茶方法的描述。

不难看出，这一阶段茶在生活中扮演着药饮、汤饮的角色，还仅仅局限于茶的物质属性方面。

二、晋代、南北朝茶文化的萌芽

魏晋南北朝时期，奢靡之风盛行。而茶饮具有清新、雅逸的天然特性，于是，宫廷贵族"以茶代酒"倡朴示廉，市井百姓"以茶代水"提神醒脑，文人雅士"以茶会友"品茗寄情，佛门僧侣"以茶合禅"静虑悟道。茶的精神意味得到了人们的认同，茶不仅作为一种饮品被人们接受，而且作为一种精神得到传播。

魏晋时期饮茶的地域特征明显，主要集中在长江流域，先秦两汉是在巴蜀之地发祥，三国西晋在长江中游和华中地区，东晋和南朝则在长江下游和华南。据晋常璩《华阳国志·巴志》记载：约公元前 1000 年周武王伐纣时，当时的巴国已有了人工茶园，所产的茶叶被作为"纳贡"珍品献给周王室，这是茶作为贡品的最早记述。公元前 59 年，已有"烹茶尽具""武阳买茶"的记载，这表明在四川一带已有茶叶作为商品出现，是关于茶叶商贸活动的最早记载。东汉（25—220 年）末年、三国时代的医学家华佗在《食论》中提出了"苦荼久食，益意思"，是茶叶药理功效的第一次记述。三国（220—265 年）时期，史书《三国志》中有吴国君主孙皓"密赐茶荈以代酒"，是"以茶代酒"最早的记载。到了隋朝（581—618 年），茶的饮用逐渐开始普及，隋文帝患病，遇俗人告以烹茗草服之，果然见效。于是人们竞相采之，茶逐渐由药用演变成社交饮料，但主要还是在社会的上层群体中流行。随着文人饮茶之兴起，有关茶的诗词歌赋日渐问世，茶已经脱离作为一般形态的饮食而走入文化圈，起着一定的精神、社会作用。中华茶文化由此开始了它真正意义上的萌芽。

三、 唐代茶文化的形成

唐代（618—907 年）是茶作为饮料扩大普及，并从社会的上层走向全民的时期。唐太宗大历五年（770 年）开始在顾渚山（今浙江长兴）建贡茶院，每年清明前兴师动众督制"顾渚紫笋"饼茶，进贡皇朝。唐德宗建中元年（780年）纳赵赞议，开始征收茶税。8 世纪，中国历史上第一部真正意义上的茶典——陆羽《茶经》问世。"自从陆羽生人间，人间相学事新茶。"陆羽《茶经》的问世使茶文化发展到一个空前的高度，标志着唐代茶文化的形成。《茶经》概括了茶的自然和人文科学双重内容，探讨了饮茶艺术，把儒、道、佛三教融入饮茶中，首创中国茶道精神。之后又出现大量茶书、茶诗，有《茶述》《煎茶水记》《采茶记》《十六汤品》等。唐代是中国历史上社会经济文化空前繁荣的时代，同时也是中华茶文化真正形成和发展的朝代。

唐代饮茶之风的兴起，使得全国许多地方开始生产茶叶。根据陆羽《茶经》记载，当时的主要产茶区有 42 个，涉及现在的 17 个行政划分省份，即西北至安康，北至淮河南岸的光山，西南至云贵的西双版纳和遵义，东南至福建的建瓯等，南至岭南的两广。因各地气候不一、地理位置迥异，加上风土人情和种植方法有差异，所产出的茶叶也呈现出不同的特质。唐人在煎茶过程中，总结出了茶与水的煎煮关系，择水当选与产茶地相宜的水。故而，中国茶文化自唐代开始，饮茶讲究茶水相宜。茶与水的融合，各地风格迥异。唐人开始认识到不同水质对茶汤质量的影响，不同沸水程度对茶汤质量的影响，不同产地茶碗对茶汤汤色的影响等细节。唐人开始重视茶叶的制作方法和过程，不同的制作方法产出的茶叶，采用不同的煮饮方式。

四、宋代茶文化的兴盛

宋代茶业已有很大发展，并在唐代的基础上进一步推动了茶文化的发展，在文人中出现了专业品茶社团，有官员组成的"汤社"、佛教徒的"千人社"等。宋太祖赵匡胤是一位嗜茶之士，在宫廷中设立茶事机关，宫廷用茶已分等级。茶仪已成礼制，赐茶已成皇帝笼络大臣、眷怀亲族的重要手段，还赐给国外使节。至于普通百姓，茶文化更是生机盎然，有人迁徙，邻里要"献茶"；有客来，要敬"元宝茶"；订婚时，要"下茶"；结婚时，要"定茶"；同房时，要"合茶"。民间斗茶风起，带来了采制烹点的一系列变化。宋太宗太平兴国年间（976年）开始在建安（今福建建瓯）设宫焙，专造北苑贡茶，从此龙凤团茶有了很大发展。宋徽宗赵佶在大观元年间（1107年）亲著《大观茶论》一书，以帝王之尊，倡导茶学，弘扬茶文化。宋代创立了点茶法，斗茶之风盛行，由此产生了茶文化精粹——分茶。由于皇帝和文人对点茶、分茶和斗茶的推崇，贡茶的产生，极大地提高了茶叶和茶具质量。由于茶马贸易的旺盛，宋代开始，朝廷设茶马司，专门负责以茶叶交换周边各少数民族马匹的工作。由于马匹是重要的战备物资，设置茶马司便于朝廷控制各少数民族地区，同时，茶马贸易也促进了对少数民族的文化推广，特别是茶文化的推广，并由此逐步产生了专供少数民族地区的茶叶——黑茶（边茶）。由此，中华茶文化进入了兴盛时期。

五、明、清茶文化的普及

中国古代茶文化的发展史上，元、明、清也是一个重要阶段，茶叶的生产量和消费量逐渐扩大，饮茶技艺的水平、特色逐步提升，呈现多样化，散发着令人陶醉的文化魅力。宋代，大小城市茶馆、茶楼的兴起使得茶文化更加深入普通大众的生活，各种茶文化不仅继续在宫廷、宗教、文人、士大夫等阶层中延续和发展，茶文化的精神也进一步植根于广大民众之间，不同地区、不同民族有极为丰富的"茶民俗"。明、清茶人继承了唐、宋茶人饮茶修道的思想。泡茶法大约始于中唐，南宋末至明朝初年，泡茶多用末茶。明初以后，泡茶用叶茶，流行至今。

明、清时期，茶叶的生产和加工方式日渐多样化，出现蒸青、炒青、烘青等各茶类，茶的饮用已改成"撮泡法"，明代不少文人雅士留有传世之作，如唐伯虎的《烹茶画卷》《品茶图》，文徵明的《惠山茶会记》《陆羽烹茶图》《品茶图》等。茶类的增多，泡茶的技艺有别，茶具的款式、质地、花纹千姿百态。晚明时期，文人雅士们对品饮之境又有了新的突破，讲究"至精至美"之境。此时的茶叶已经进入寻常百姓家，成为人们日常生活中不可或缺的一种要素。

六、现代茶文化的发展

新中国成立后，我国茶叶生产得到了快速发展，2013年全国干毛茶的产量已经达到了189万吨，茶叶总产值突破1000亿元人民币。茶物质财富的大量增加为我国茶文化的发展奠定了坚实的基础。随着茶文化的兴起，各地茶艺馆越办越多。各种形式的国内、国际茶文化研讨会频繁展开，吸引了世界各地的茶叶厂商和茶文化研究人员参加。各省、各市及主产茶县纷纷主办"茶叶节"，如福建武夷市的岩茶节、云南的普洱茶节、湖北英山及河南信阳的茶叶节等不胜枚举，以茶为载体，形式多样的活动，促进了各地经济贸易的发展，同时也进一步扩大了中华茶文化的影响。

时值金秋，丹桂飘香，正是品茶的好时候。所谓好茶还需细品，回想近30年对中国茶文化的收集和研究过程，各种生活志趣和人生滋味，尽在其中。无论红、绿、白、黑、黄或青，喝出生活味道的茶，皆为好茶。茶成为文化，经过了历史的沉淀和大众的传播。作为文化工作者，我和一群志同道合的中华茶文化爱好者，结合各自的工作，努力地向外国人传播着这一种物色突出的茶文化。作为民间的茶文化个体传播者，我们阅读分析了近20年中国出版的与茶文化有关的海量书籍，它们或细谈茶历史，或趣说茶文化，或详道茶之俗，或闲话茶之事，或漫话茶与养生，或把玩茶之器具，或译解茶之经典，然而大部分的书籍缺乏系统性，尤其是缺少针对外国人系统宣传介绍中华茶文化的书籍。10年前，我在英国工作期间有机会接触到英国的茶艺。众所周知，英国本土并不生产茶叶，而"英伦下午茶"却成了举世闻名的茶艺经典。这与英国人对茶文化的研究和英国茶艺的推广是密不可分的。随着中国经济的快速发展，中国已经全方位地走向了世界，中华文化的对外推广已是大势所趋，时不我待。作为中华文化组成部分的中华茶文化的宣传推广自然也就水到渠成了。

本着这样一种想法，我们编写了本套茶文化丛书。丛书共有七本，分别为《茶之类》《茶之水》《茶之器》《茶之典》《茶之艺》《茶之养》和《茶之道》，以期对中华茶文化进行一次全方位的梳理，同时也希望为对中华茶文化有兴趣的外国朋友提供一个全面了解中华茶文化的途径。我们力求从便于茶文化传承的角度，系统收编整理天下千差万别的各类茗茶，结合中国文化中"天地人和"的特点，介绍中国广袤大地上的宜茶之水。纵观历史，挖掘出中国摆器赏茶的道具，品析茶自孕育萌芽伊始的典故，与读者一起观外形、赏汤色、闻香气、品茗滋，享受中国茶文化带来的丰富营养，涤心神，悟人生。

由于编者不是茶文化的专业研究人员，丛书主要从日常生活中易于茶文化传播的角度编写，因此难免有考虑不周的地方，在此恳请专业人士予以批评指正。

黄小勇

2014 年 10 月

前言

　　茶器，古代亦称茗器或茶具。"水为茶之母，器为茶之父"，可见茶器在中国茶文化发展的历史长河中有着举足轻重的地位。从古至今，但凡喜爱品茶之人，对茶器都非常讲究。各种材质的精致典雅的茶具，吸收香茗之精华，蕴含文人之灵气。经爱茶之人的养护，茶器已经不再只是具有实用价值的泥壶瓷杯，更是具有收藏价值的艺术品，因为它们已经融合到爱茶之人的血脉里。

　　"茶具"一词最早出现在汉代。西汉辞赋家王褒《僮约》有"烹茶尽具，已盖藏"之说，这是我国最早提到"茶具"的一条史料。到唐代，"茶具"一词在唐诗里随处可见，茶具是茶文化不可分割的重要部分。

　　现代人所说的"茶具"，主要指茶壶、茶杯这类饮茶器具。事实上，现代茶具的种类是屈指可数的，但是古代"茶具"的概念是指更大的范围。

　　本书沿着各种不同材质的茶具于中国历史上不同朝代兴起与发展的足迹，详述中华茶文化在各个时期的茶具及其类别，展现我国丰富多彩的茶具文化，其内容丰富、观点鲜明、论述深入，这都是目前相关图书中不多见的，因此堪称一本融科学性、知识性、实用性和可读性于一体的饮茶艺术之书，很适合读者阅读品味。

本书所用图片，部分为作者拍摄；部分为武汉羽桐文化会馆提供；其余来源广泛。如涉及图片使用相关问题，请图片版权所有者与出版社联系。

在本书编写过程中，我们得到了茶业界及其他各界许多朋友的关心和支持，在本书出版之际，谨致以衷心的感谢。书中的疏漏和不足之处，敬请广大读者、各界朋友批评指正。

编　者

2014 年 10 月

目录

第一章

绪　论

　　自饮茶开始便有了茶具，茶具的产生和发展，经过了一个从无到有，从单一到丰富，从共用到专用，从粗糙到精致的历程。从一只做工粗糙古朴的陶碗到一个造型别致新颖的茶壶，可以说茶具历经了几千年的历史变迁，而这一件件茶具的造型、用料、色彩和铭文，无一不是中华几千年浩瀚历史的见证。历代茶具名师艺人用自己的一生创造了形态各异的茶具艺术品，无论是宫廷的金银茶具、古朴的紫砂茶壶，还是民间艺人创造的竹编茶具，都是不可多得的文物古董。

　　茶具从一开始的"茶之为饮"，到现在随着饮茶习惯的发展，茶类品种的增多，饮茶方法的不断改进，而不断发生变化，制作技术也不断完善。

一、隋及隋以前的茶具

据韩非在《韩非子》中记载，尧时饮食器具为土缶。所以一般认为我国最早的茶具，是与食具、饮具共用的陶制的缶，是一种小口大肚的容器。我国史实表明，陶器生产已有七八千年历史。浙江余姚河姆渡出土的黑陶器，便是当时食具兼作饮具的代表作品。但西汉（公元前202—公元9年）王褒在《僮约》（《僮约》原本是一份契约，所以在文内写有要家僮烹茶之前洗净器具的条款）中谈到"烹茶尽具，已而盖藏"。这里的"荼"便指的是"茶"。就现有史料而论，这便是中国茶具发展史上，最早谈及饮茶器具的史料。

而历史上最早明确表明有茶具意义的文字记载，则是西晋（265—316年）左思的《娇女诗》。诗中写道："心为茶荈剧，吹嘘对鼎䥶"，这个"鼎"当属茶具。唐代陆羽在《茶经·七之事》中引《广陵耆老传》载：晋元帝（317—323年）时，"有老姥每旦独提一器茗，往市鬻之。市人竞买，自旦至夕，其器不减"。接着，《茶经》又引述了西晋八王之乱时，晋惠帝司马衷（290—306年）蒙难，从河南许昌回洛阳，侍从

"持瓦盂承茶"敬奉之事。所有这些，都足以说明我国在汉代以后隋唐以前，尽管已有专用茶具出现，但食具和饮具之间的区分并不十分严格，在很长一段时间内，两者是共用的。

二、唐代茶具

唐朝时，人们已视茶为日常饮品，且更讲究饮茶的情趣。茶具不仅是饮茶过程中不可缺少的器具，还有助于提高茶的色、香、味，具有实用性。一件高雅精致的茶具，不仅富有欣赏价值，还有很高的艺术性。因此，在爱饮茶的唐朝，我国的茶具发展得很快。

三、宋代茶具

到了宋代，饮茶方法相较唐代而言，已发生了一定变化，主要是唐人的用煎茶法饮茶逐渐为宋人摒弃，点茶法成了当时的主要方法。点茶法是宋代斗茶所用的方法，不再直接将茶放入釜中熟煮，而是先将饼茶碾碎，置碗中待用，再以釜烧水，微沸初漾时即冲点碗中的茶。20世纪以来，河北宣化先后发掘出一批辽代墓葬，其中七号墓壁画中有一幅点茶图，为我们提供了当时用点茶法饮茶的生动情景。

到了南宋，用点茶法饮茶更是大行其道。但宋人饮茶之法，无论是前期的煎茶法与点茶法并存，还是后期的以点茶法为主，归根究底都是来自唐代，因此，饮茶器具与唐代相比大致一样，只是煎茶的器具，已逐渐为点茶的瓶所替代。说起点茶用的瓶，北宋蔡襄在《茶录》中，专门写了《论茶器》，提到当时茶器有茶焙、茶笼、砧椎、茶钤、茶碾、茶罗、茶盏、茶匙、汤瓶。宋徽宗的《大观茶论》列出的茶器有碾、罗、盏、筅、钵、瓶、杓等，这些茶具的内容，与蔡襄《茶录》中提及的大致相同。

值得一提的是南宋审安老人的《茶具图赞》。审安老人真实姓名不详，他于宋咸淳五年（1269年）集宋代点茶用具之大成，以传统的白描画法画了十二件茶具图形，称之为"十二先生"，并按宋时官制

"十二先生"

4

冠以职称，赐以名、字、号，足见当时上层社会对茶具的钟爱之情。图中的"十二先生"，作者还批注"赞"誉。

《茶具图赞》所列附图批注：韦鸿胪指的是炙茶用的烘茶炉，木待制指的是捣茶用的茶臼，金法曹指的是碾茶用的茶碾，石转运指的是磨茶用的茶磨，胡员外指的是量水用的水杓，罗枢密指的是筛茶用的茶罗，宗从事指的是清茶用的茶帚，漆雕密阁指的是盛茶末用的盏托，陶宝文指的是茶盏，汤提点指的是注汤用的汤瓶，竺副师指的是调沸茶汤用的茶筅，司职方指的是清洁茶具用的茶巾。

宋人的饮茶器具，尽管在种类和数量上，与唐代相比，不相伯仲。但宋代茶具更加讲究法度，形制也愈来愈精。如饮茶用的盏、注水用的执壶（瓶）、炙茶用的钤、生火用的铫等，不但质地更为讲究，而且制作更加精细。

四、元代茶具

无论是就茶叶加工，还是饮茶方法，抑或是使用的茶具而言，元代在整个茶文化史上，从某种意义上说，是上承唐、宋，下启明、清的一个过渡时期。

元代是由蒙古贵族建立起来的庞大帝国，以奶酪、肉类为主要食物，需要饮茶以助消化，同时，由于游牧民族的生活习俗，他们将游牧地区的茶文化带入中原，这就使得元代的茶文化呈现异彩纷呈的局面。因此，虽然元代的生茶和饮用方法基本沿袭宋制，但饮茶方式和文化内容却发生了改变。

元代统治中国不足百年，在茶文化发展史上，虽找不到一本茶事专著，但仍可以从元代诗词、书画中找到一些有关茶具的踪影。在当时也有采用点茶法饮茶的，但更多是采用沸水直接冲泡散茶。

作为入主中原的游牧民族，蒙古人看不惯宋人故作优雅，更反对奢靡的团茶制作，因此，沸水直接冲泡茶叶的方式在民间风靡。喝散茶，不仅节省了备茶过程中的繁文缛节，还大大节约了所需茶具。

在元代采用沸水直接冲泡散形条茶饮用的方法甚为普遍，这不仅可在不少元人的诗作中找到依据，还可从出土的元代冯道真墓壁画中找到佐证。在图中，没有茶碾，当然也无须碾茶，且从采用的茶具和它们放置的顺序，以及人物的动作，都可以看出人们是在直接用沸水冲泡饮茶。

元代冯道真墓壁画——泡茶图

五、明代茶具

明代茶具，回归陆羽提倡的简约之道，总体表现为自然朴实、清新雅致。在唐、宋时，人们以饮饼茶为主，采用的是煎茶法或点茶法和与此相应的茶具；元代时，条形散茶已在全国范围内兴起，饮茶改为直接用沸水冲泡，这样，唐、宋时的炙茶、碾茶、罗茶、煮茶器具成了多余之物，而一些新的茶具品种脱颖而出。明代茶具，相对唐、宋而言，可谓是一次大的变革。

由于明人饮的是条形散茶，除了对茶盏有要求外，对茶具也有新的要求，因此，贮茶、洗茶、烧水及饮茶器具的出现和改良也是必需的。条形散茶接触空气后易受潮。因此，贮茶、焙茶器具比唐、宋时显得更为重要。而饮茶之前，用水淋洗茶，又是明人饮茶所特有的，因此就饮茶全过程而言，当时所需的茶具，明代高濂在《遵生八笺》中列了16件，另加总贮茶器具7件，合计23件。但其中很多与烧水、泡茶、饮茶无关，似有牵强凑数之感，这在明代文震亨的《长物志》中已说得很明白："吾朝"茶的"烹试之法"，"简便异常"，"宁特侈言乌府、云屯、苦节君、建城等目而已哉"。明代张谦德的《茶经》中专门写有一篇《论器》，提到当时的茶具也只有茶焙、茶笼、汤瓶、茶壶、茶盏、纸囊、茶洗、茶瓶、茶炉9件。

明代茶具虽然简约，但也有特定要求，同样讲究制法、规格，注重质地，特别是新茶具的问世，以及茶具制作工艺的改进，相比唐、宋时又有大的进展。尤其表现在饮茶器具上，最突出的特点一是出现了小茶壶，二是茶盏的形和色有了大的变化。

总的来说，明代较之于唐、宋，茶具出现返璞归真的倾向，在崇尚简约的同时，有了重大改变与发展，并且成为定制，特别是饮茶器具的创新。明代有创新的茶具当推小茶壶，有改进的是茶盏，在这一时期，江西景德镇的白瓷茶具和青花瓷茶具、江苏宜兴的紫砂茶具获得了极大的发展，无论是色泽和造型、品种和式样，都进入了穷极精巧的新时期。它们都为中国茶文化、茶具史增添了浓重的一笔。

六、清代茶具

清代沿袭明代以散茶冲泡为主的饮茶方式，无论种类还是形式，基本上没有突破明人的规范。但茶类有了很大的发展，除绿茶外，又出现了红茶、乌龙茶、白茶、黑茶和黄茶，形成了六大茶类。这些茶的形状仍属条形散茶。

清王朝统一后，陶瓷茶具仍是清代茶具的主流，清代的茶盏、茶壶，通常多以陶或瓷制作。清政府采取了一些开明措施，如减免一些赋税，对部分手工工匠废弃"匠籍"制等，使制瓷业经过100多年的发展，到康熙、

雍正、乾隆三朝达到了历史上的最高水平。清代陶瓷茶具精品，多由江西景德镇生产，其时，除继续生产青花瓷、五彩瓷茶具外，还创制了粉彩、珐琅彩茶具。清代的江苏宜兴紫砂陶茶具，在继承传统的同时，又有新的发展。乾隆、嘉庆年间，宜兴紫砂还推出了以红、绿、白等不同石质粉末施釉烧制的粉彩茶壶，使传统砂壶制作工艺又有了新的突破。

七、现代茶具

随着科技的进步、文化的发展及东西方文化的交流，现代茶具更是进入了一个繁盛发达的时期。除能够复原古代的多种茶具之外，现代工业产品设计及工艺水平不断提升，手工的、机械的、电器化的，各类材质的茶具更是层出不穷。现代茶具，其式样更新、做工精细、材质更加多元化。贵的有金银茶具，廉的有竹木茶具，此外还有用玛瑙、水晶、玉石、大理石、陶瓷、玻璃、漆器、搪瓷等制作的茶具，数不胜数。

中国的茶具，种类多样，造型美观，兼具实用价值和艺术价值，并且驰名中外，为饮茶爱好者所喜爱。不同的茶具由于材质不同，在制造、外

观、性能等方面各具特色。无论是造型的优美，还是质地的精良，都有它的独到之处。中国茶具构成了中国茶文化不可分割的重要组成部分，因此，了解现代茶具种类是十分必要的。

妙器茶艺四事，茶具乃其一端。中国茶具在唐代以前是与食器混用，作为品茗专用的茶具草创于唐代，陆羽功不可没；宋承唐制，为适应斗茶游戏有所损益；明清趋于完善，尤以宜兴紫砂壶因其艺术性、文化性而被誉为神品。本书将茶具发展分为孕育期、萌芽期、形成期、兴盛期、普及期五个阶段，分不同质地介绍了不同时期兴起的茶具。

第二章

茶文化孕育期的茶具

茶具历经几千年的变迁，反映着历史的发展，凝结着茶文化的智慧。历代茶具名师艺人创造了形态各异、丰富多彩的茶具艺术品，留传下来的传世之作，更是不可多得的文物古董。随着饮茶的发展，茶类品种的增多，饮茶方法的不断改进，茶具也在不断发生变化，制作技术也在不断完善。

茶具究竟始于何时？西汉末年，王褒的《僮约》有"烹茶尽具"之说，是否有专用茶具不得其详。《广陵耆老传》有云："晋元帝时，有老妪每旦独提一器茗，往市鬻之，市人竞买，自旦至夕，其器不减。"老妪所卖为茶粥，是食品而非饮料，那大概是食器兼用作茶具。左思《娇女诗》有"心为茶荈据，吹嘘对鼎䥶"两句，虽以茶为饮品，然"鼎䥶"是当时的食器而非茶器。说得更明白的是晋代卢琳的《四王起事》：晋惠帝遇难逃亡，返回洛阳，有侍从"持瓦盂承茶，夜暮上之，至尊饮以为佳"。这段文字说明晋代已有饮茶时尚，但是，唐代以前是茶具与食器混用。承茶之具则是瓦盂，即盛饭菜的土碗。

一、土陶

陶土器具是新石器时代的重要发明。最初是粗糙的土陶，然后逐步演变为比较坚实的硬陶，最后发展为表面敷釉的釉陶。宜兴古代制陶业颇为发达，在商周时期，就出现了几何印纹硬陶。秦汉时期，已有釉陶的烧制。

我国新疆喀什地区制作土陶历史悠久，工艺已相当精美。当地至今仍沿袭古老原始的制作方式制陶。土陶过去在南疆民间有普遍的使用价值，日常生活、农耕生产，甚至宗教活动前都须用土陶盛水洗手净身。它还被称为泥巴艺术，具有学术、收藏、陈列等多种价值。

土陶茶碗

土陶茶壶

二、硬陶

在中国陶瓷史上，硬陶是一类特殊的品种。它远在新石器时代晚期就已出现，晚于普通陶器而早于原始瓷器；成分上，制作硬陶的黏土的细腻程度在普通黏土和原始瓷器之间，烧成温度也较普通陶器高而未达烧结程度；南方地区出土量很大而北方地区发现较少。南方地区发现的硬陶多为与原始瓷器一起烧制的，二者胎质较为接近。印纹硬陶坚固耐用，胎质比一般陶器坚硬、细腻，器表拍印有以几何形图案为主的纹饰。

硬陶茶壶

三、釉陶

　　釉陶是表面施釉的陶器。釉可保护器胎，且起装饰作用，陶器上了釉，会减弱它的吸水率，所以釉陶比陶器更容易使用。开始时只施绿、褐黄等单色釉，到王莽时期出现同时施黄、绿、酱红、褐色等复色釉。东汉是釉陶最发达的时期，釉陶的种类有壶、樽、罐、洗、博山炉、瓶等。最早的釉陶为西汉时期的铅釉陶器。

杯内上釉的茶杯

粗釉陶茶具

釉陶茶杯

冰裂纹釉陶茶具

釉陶茶壶　　　　　　　　　釉陶储茶罐

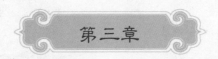

第三章

茶文化萌芽期的茶具（晋代、南北朝）

金属用具是我国最古老的日用器具之一，早在秦始皇统一中国之前的 1500 年间，青铜器就得到了广泛的应用。先人用青铜制盘盛水，制爵、樽盛酒，这些青铜器皿自然也可用来盛茶。自秦汉至六朝，茶作为饮料已渐成风尚，茶具也逐渐从与其他饮具共用中分离出来。大约到南北朝时，我国出现了包括饮茶器皿在内的金银器具。到隋唐时，金银器具的制作达到高峰。

用金、银、铜、锡等金属制作的茶具，尤其是锡作为贮茶器具材料有较大的优越性。唐代时皇宫饮用顾渚茶、金沙泉，便以不易破碎的银瓶盛水，直送长安。

金属茶具

一、青铜茶具

据《宋稗类钞》记载："唐宋间，不贵金玉而贵铜磁（瓷）。"即是说唐宋时期，整个社会兴起一股家用铜瓷，不重金玉的风气。确实如此，唐宋以来，铜制茶具逐渐代替古老的金、银茶具，原因是铜制茶具相对金玉茶具来说，价格更便宜，煮水性能好。

但自元代以后，特别是从明代开始，茶类的创新、饮茶方法的改变以及陶瓷茶具的兴起，使包括银质器具在内的金属茶具逐渐消失，尤其是用锡、铁、铅等金属制作的茶具，用它们来煮水泡茶，被认为会使"茶味走样"，以致很少有人使用。但是又因为金属贮茶器具的密闭性要比纸、竹、木、瓷、陶等好，且具有较好的防潮、避光性能，人们还是保留使用某些金属贮茶器具，如锡瓶、锡罐等，这样更有利于散茶的保存。

青铜茶壶

经专家考证分析，此套东汉晚期到魏晋时期的茶具（见图），包括一个长方形大托盘、圆形小托盘、两只杯子。长方形大托盘中心主图案为一条写实的鱼，周边的辅助图案是龙怪兽；圆形小托盘中心主图案是汉魏时期风行的柿蒂纹；两只杯子的图案是凤纹。其长方形的托盘长68厘米，宽44厘米。值得一提的是如同现代的葡萄酒杯的两只杯子：杯子圆口、高脚，杯高8.2厘米，口径4.5厘米，小巧玲珑。古代最常见的酒杯是一种三长足、双把手、有长口沿的盛器，名为"爵"，或是有流口的"匜"，以方便饮酒。古人崇尚酒，故喝酒为狂饮，酒具也很大，而这两件高脚容器明显不是酒具。

汉魏晋时期青铜茶具

另外，汉魏晋时期，文人学者皆推崇清谈，清谈者喜饮酒，但不少人不胜酒力，于是，饮茶之风盛行。从汉魏晋时期的文献来看，茶已成为当时社会中的日常饮料，并具有文化氛围。故专家分析："喝茶需要意境，只能慢慢品评，故茶具需要小巧，方能品出茶中之味来。所以这两只高脚杯，极有可能是古人喝茶之用。"

二、锡制茶具

锡作为贮茶器具材料有较大的优越性。一般来说,金属都会有种金属味,而锡却没有,而且对防潮、防氧化、防光、防异味都有较好的效果。好茶叶需要好的茶叶罐来储存,尤其是娇嫩的绿茶,对保鲜的要求更高,若是用不好的茶叶罐,其营养和味道都会流失,也容易变质,这对于好茶,不得不说是个浪费。所以爱茶之人一般选择锡罐作为茶叶罐,用锡制成的茶叶罐因为自身的材质,密封性相对其他材料来说更强,而且因为罐身比较厚实,罐颈高,温度恒定,且锡罐多制成小口长颈,盖为筒状,比较密封,保鲜的功能就更胜一筹。古人喜欢用锡来净化水质使味道更加清甜,锡对人体无毒无害,性喜凉。

在实际的使用过程中,不要将食品或饮料之类的东西,放在锡制茶具内隔夜,否则其表面会出现污垢。高档的锡制茶具需要合适的保养才能保持光洁如新,一般在使用之后用温水进行清洗,用柔软的干布或质地较好的锡器光洁剂擦拭,并将锡制茶具存放在清洁、干燥的地方,且要避免接触高温,因为温度到达 160 摄氏度会损坏锡制茶具。

锡制茶具

三、银质茶具

　　银质茶具指由纯银所制的茶具，由银壶盛放过的水会释放微量的银离子，极其微量的银离子就足以使细菌无法生存，并能给人体消毒。用银壶盛放过的饮水，可以保持几个月不变味。因此银壶煮水可软化水质，即能使水质变软变薄，古人谓之"若绢水"就是说水质柔薄、爽滑、犹如丝绢。使用银壶泡茶，茶汤会变得更好喝，明显感觉甘甜；涩减韵长，和顺温润，茶叶的香醇和韵味表现得更充分。

银质茶具

　　银质茶具身洁净无味，而且热化学性质稳定，不易锈，不会让茶汤沾染异味。银的热传导性在所有的金属中是最突出的。银质茶具的缺点是，易氧化，会在器具表面沉淀黑色物质，若要祛除黑色，只要用牙膏和牙刷清洗一下顷刻就光亮如新。但建议不要清洗，黑色乌亮的银质茶具才是具有收藏价值的银器。

中式茶道早期推崇金、银，但是自从元清两次汉文化统治终结之后，陶瓷器兴盛起来，银质茶具才逐渐淡出。继陆羽之后，北宋蔡襄《茶录》和明代张源《茶录》中都提及了用银质茶具泡茶的优点。

蔡襄《茶录》："瓶要小者易候汤，又点茶注汤有准。黄金为上，人间以银铁或瓷石为之。"

张源《茶录》："桑苎翁（陆羽）煮茶用银瓢，谓过于奢侈。后用瓷器，又不能持久。卒归于银。愚意银者宜贮朱楼华屋，若山斋茅舍，惟用锡瓢，亦无损于香、色、味也。但铜铁忌之。"

银质茶壶

唐僖宗供奉的鎏金茶具

古时以金、银为贵,银茶壶自古即流行于上流社会。从晋代、南北朝开始,流传至唐朝,金、银茶具都十分流行。1987年5月,在我国陕西省扶风县皇家佛教寺院法门寺的地宫中,挖掘出大批唐朝宫廷文物,其中一套茶具,分别为鎏金银筷、鎏金银茶碾、鎏金银勺、鎏金蕾纽摩竭纹三足架银盐台、金银丝结条笼子、鎏金银盐台、鎏金银茶罗、鎏金仙人驾鹤纹壶门座茶罗子、鎏金银龟盒。法门寺出土的这套茶具,共九件,件件质地精良,造型优美,工艺先进,系列完整,是迄今为止发现的世界上最早、等级最高的宫廷茶具,从中可见唐代帝王对茶文化的重视。

由此可见,唐人注重生活情趣,当时已经有品茶之风气,而不是简单的煮茶喝茶。他们先把茶叶蒸干拍成饼或团放在笼中烘干,保存于银笼子中;吃茶时,将茶饼取出,鎏金银筷则可以夹住茶饼在木炭上反复烘烤;烤好的茶饼放在木墩子上敲碎后倒入茶碾中碾砸,使之细碎;茶罗子用来筛出细碎的茶面;龟形盒用来盛放罗筛好的茶面。唐代人品茶图个真香真味,如此操作泡出来的茶能使茶味香味全部发挥出来。

第四章

茶文化形成期的茶具（唐代）

由于唐时茶已逐渐盛行开来，更加讲究饮茶情趣，因此，茶具不仅是饮茶过程中所需的器具，还有助于提高茶的色、香、味，具有实用性，而且一件高雅精致的茶具，既富有欣赏价值，又有很高的艺术性。所以，我国的茶具自唐代开始发展很快。中唐时，不但茶具门类齐全，而且讲究茶具质地，注意因茶择具。当时的饮茶器具，除陶瓷器外，民间多用竹木制作而成，这在唐代陆羽《茶经》中有详尽记述。唐代，随着中外文化交流的增多，西方琉璃器不断传入，中国开始烧制琉璃茶具。20世纪80年代后期，陕西扶风法门寺地宫出土的成套唐代宫廷茶具，与陆羽记述的民间茶具相映生辉，又使国人对唐代茶具有了更加完整的认识。

第一节　竹木茶具

一、竹制茶具概述

我国有着极为丰富的竹资源，是世界上竹子种类最丰富、产量最多的国家，竹子种类可达 400 多种。我国先民很早就知道用竹子来制造各种生活用具和工艺品。几千年来，竹子伴随着中华文化一起发展，成为人们生活中不可或缺的一部分。人们对竹子的感情世代相传，种竹、吃竹、用竹、画竹、咏竹，形成中国独特的竹文化。在把竹子加工成生活品、艺术品方面，人们表现出了卓越的智慧。一双手、一把刀，简单的工具游刃于竹子的各个部位，就能雕刻出种种形态各异、栩栩如生的工艺品，令人叹为观止。

竹制茶具

竹具制作主要分两种：一种是竹刻，利用天然竹节雕刻而成，竹节具有较厚的壁，手艺人利用奏刀的深浅不一，在竹的外壁刻下生动的造型，

高浮雕与浅浮雕错落有致；另一种是竹编，即把竹子劈成篾，编织成所需
要的各种图案和形状。竹刻选用的材料一般是毛竹，因为其竹节粗壮，长
而直。选毛竹时，首选那种无虫害的老竹。在雕刻之前还必须经过熏蒸，
使其干透方可使用。

二、木质茶具概述

历史上，广大农村包括茶区，很多人使用木碗泡茶，因其价廉物美、
经济实惠，但现代已很少使用。在我国南方，如海南等地区就地取材用椰
壳制作壶、碗来泡茶，经济而实用，又具有艺术性。木制的茶罐装茶，也
是十分常见的，特别是福建省武夷山等地的乌龙茶木盒，在盒上绘制山水
图案，制作精细，别具一格。现代"工夫茶"茶具中还有很多理茶器、置
茶器都是木质的。

木质储茶盒

木质茶碗、茶罐、茶则、茶荷

木质储茶罐

木质茶具

三、唐代茶具

唐代的饮茶方式与现在的有很大的不同，以致有许多茶具是我们未曾见过的。陆羽在《茶经》中所说的28种茶具，多数是竹木茶具。竹木茶具，采用竹木制作，材料来源广，制作方便，对茶无污染，对人体无害。因此，从古至今，一直受到茶人的欢迎。但其缺点是不能长时间使用，无法长久保存，从而失去文物价值。现在人们很少使用竹木茶具来冲泡茶了，但用精美的竹木罐来装茶，用高温蒸煮的竹子做茶海，既保存茶叶，没有污染，又有艺术观赏价值。

这里，将唐代陆羽在《茶经》中开列的28种茶具，按器具名称、规格、造型和用途，分别简述如下。

1. 风炉：形如古鼎，有三足两耳。"厚三分，缘阔九分，令六分虚中"，炉内有床放置炭火。炉身下腹有三孔窗孔，用于通风。上有三个支架（格），用来承接煎茶的器皿。炉底有一个洞口，用以通风出灰，其下有一只铁制的灰承，用于承接炭灰。风炉炉腹的三个窗孔之上，分别铸有"伊公""羹陆"和"氏茶"字样，连起来读成"伊公羹，陆氏茶"。"伊公"指的是商朝初期贤相伊尹，"陆氏"当指陆羽本人。《辞海》引《韩诗外传》曰："伊尹……负鼎操俎调五味而立为相。"这是用鼎作为烹饪器具的最早记录，而陆羽是历史上用鼎煮茶的首创者，因此，长期以来，有"伊尹用鼎煮羹，陆羽用鼎煮茶"之说，一羹一茶，两人都是首创者。由此可见，陆羽首创铁铸风炉，在中国茶具史上，也可算是一大创造。

2. 灰承：是一个有三只脚的铁盘或石盘，放置在风炉底部洞口下，供承灰用。

风炉、灰承

3.筥：是用竹或藤编制而成的箱，高一尺二寸，直径七寸，供盛炭用。

筥

4.火筴：又名筋，是用铁或铜制的火箸，圆而直，长一尺三寸，顶端扁平，供取炭用。

5.炭挝：是六角形的铁棒，长一尺，上头尖，中间粗。也可制成锤状或斧状，供敲炭用。

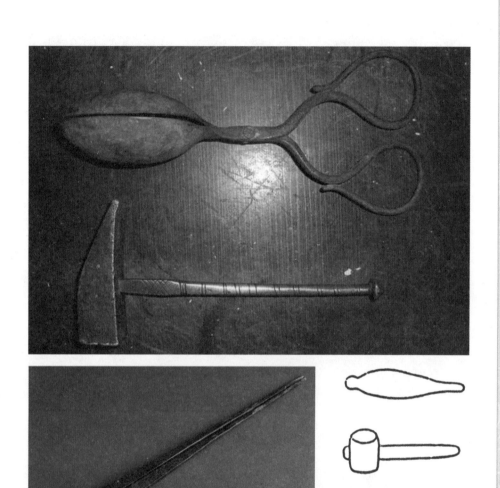

火筴、炭挝

6. 釜：用以煮水烹茶，似今日本茶釜。多以铁为之，唐代亦有瓷釜、石釜，富家有银釜。

釜

7. 交床：十字形交叉作架，供置剜去中部的木板用。

8. 夹：用小青竹制成，长一尺二寸，供炙烤茶时翻茶用。陆羽认为小青竹遇火能生津液，以提高茶的清香味。另外，夹也可用精铁或熟铜制造。

交床   夹

9. 纸囊：用剡藤纸（产于剡溪，剡溪在今浙江嵊州市境内）双层缝制。用来贮茶，可以"不泄其香"。

10. 碾：用橘木制作，也可用梨木、桑木、桐木、柘木制作。内圆外方，既便于运转，又稳固不倒。内有一车轮状带轴的堕，能在圆槽内来回转动，用它将炙烤过的饼茶碾成碎末，便于煮茶。

陶茶碾

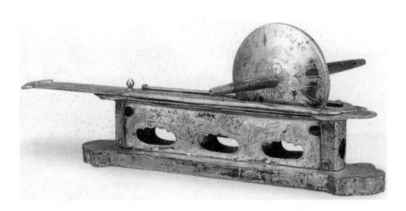

碾

11. 拂末：用鸟羽毛做成，碾茶后，用来清掸茶末。

12. 罗合：罗为筛，合即盒，经罗筛下的茶末盛在盒子内。

13. 则：用海贝、蛎蛤的壳，或铜、铁、竹制作的匙、小箕之类充当，供量茶用。

罗合

则

14. 水方：用稠木或槐、楸、梓木锯板制成，板缝用漆涂封，可盛水一斗，用来煎茶。

15. 漉水囊：囊可用青竹丝编织，或缀上绿色的绢。囊径五寸，并有柄，柄长一寸五分，便于握手。骨架可用不会生苔秽和腥涩味的生铜制作。此外，也可用竹、木制作，但不耐久，不便携带。唯用铁制作是不适宜的。此外，还需做一个绿油布袋，平时用来贮放漉水囊。漉水囊实则是一个滤水器，供清洁净水用。

16. 瓢：又名牺杓。用葫芦剖开制成，或用木头雕凿而成，作舀水用。

17. 竹夹：用桃、柳、蒲葵木或柿心木制成，长一尺，两头包银，用来煎茶激汤。

18. 熟盂：用陶或瓷制成，可用水二升。供盛放茶汤，"育汤花"用。

葫芦瓢

19. 鹾簋：用瓷制成，圆心，呈盆形、瓶形或壶形。鹾就是盐，唐代煎茶加盐，鹾簋就是盛盐用的器具。

熟盂

鹾簋

20. 揭：用竹制成，用来取盐。

21. 碗：用瓷制成，供盛茶用。在唐代文人的诗文中，更多的称茶碗为"瓯"。此前，也有称其为"盏"的。

碗

22. 畚：用白蒲编织而成，也可衬以双幅剡纸，能放碗十只。

畚

23. 札：用茱萸木夹住栟榈皮，做成刷状，或用一段竹子，装上一束榈皮，形成笔状，供饮茶后清洗茶器用。

24.巾：用粗绸制成，长二尺，做两块可交替拭用。用来擦干各种茶具。

札

巾

25.涤方：由楸木板制成。制法与水方相同，可容水八升。用来盛放洗涤后的水。

26.滓方：制法似涤方，容量五升，用来盛茶滓。

涤方

滓方

27.具列：用木或竹制成，呈床状或架状，能关闭，漆成黄黑色。长三尺，宽二尺，高六寸。用来收藏和陈列茶具。

28.都篮：用竹篾制成。里用竹篾编成三角方眼；外用双篾做经编成方眼。用来盛放烹茶后的全部器物。

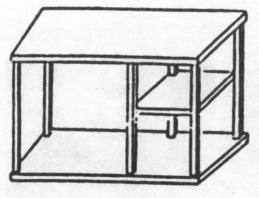

具列

都篮

　　以上 28 种器具，是针对唐时为数众多的茶具而言，但并非每次饮茶时必须件件必备。这在陆羽的《茶经》中说得很清楚，在不同的场合下，可以省去不同的茶具。

第二节　玻　璃　茶　具

　　玻璃，古人称之为流璃或琉璃，是一种有色、半透明的矿物质。用这种材料制成的茶具，能给人以色泽鲜艳、光彩照人之感。中国的琉璃制作技术虽然起步较早，但直到唐代，随着中外文化交流的增多，西方琉璃器的不断传入，中国才开始烧制琉璃茶具。唐代元稹曾写诗赞誉琉璃，说它是"有色同寒冰，无物隔纤尘。象筵看不见，堪将对玉人"。

　　唐代在供奉法门寺塔佛骨舍利时，也将琉璃茶具列入供奉之物。法门寺地宫出土的由唐僖宗供奉的素面淡黄色琉璃茶托、茶盏，是地道的中国琉璃茶具，虽然造型原始，装饰简朴，质地显混，透明度低，但却表明我国的琉璃茶具在唐代已经起步，在当时堪称珍贵之物。宋时，我国独特的高铅琉璃器具相继问世。元、明时，规模较大的琉璃作坊在山东、新疆等地出现。清康熙时，在北京还开设了宫廷琉璃厂，只是自宋至清，虽有琉璃器件生产，且身价名贵，但多以生产琉璃艺术品为主，只有少量茶具制品，始终没有形成琉璃茶具的规模化生产。

素面淡黄色琉璃茶托、茶盏

丹芭纹描金蓝琉璃盘　　　　　　　　八瓣花蓝色琉璃盘

菱环深腹淡黄色琉璃杯　　　　　盘口细颈贴塑淡黄色琉璃瓶

注：以上玻璃茶具皆出土于扶风法门寺地宫。

　　近代，随着玻璃工业的崛起，玻璃茶具很快兴起，这是因为玻璃质地透明，光泽夺目，可塑性大，因此，用它制成的茶具，形态各异，用途广泛，加之价格低廉，购买方便，而受到茶人好评。在众多的玻璃茶具中，以玻璃茶杯最为常见，用它泡茶，茶汤的色泽、茶叶的姿色，以及茶叶在冲泡过程中的沉浮移动，都尽收眼底，因此，用它来冲泡种种细嫩名优茶，最富品赏价值，家居待客，不失为一种好的饮茶器皿。但玻璃茶杯质脆，易破碎，比陶瓷烫手，这也是美中不足。

玻璃茶具的优点有：耐热材质，高硼硅玻璃，可用蜡烛、酒精加热；高透视度，全透明玻璃材质，可直接透视冲泡过程；原味重现，因玻璃无毛细孔的特性，不会吸取茶的味道，能品尝到百分之百的原味，且容易清洗，味道不残留；造型优雅，专为冲泡花茶设计，晶莹的质感，可以看到花草茶赏心悦目的茶色，充分享受喝茶的乐趣。

玻璃茶具

第五章

茶文化兴盛期的茶具（宋、元）

中国饮茶史上有"茶兴于唐而盛于宋"的说法。茶之所以盛于宋，究其原因主要有以下两个方面：

一方面，宋朝皇室大力提倡。宋太祖赵匡胤即位第二年即下诏要求地方向朝廷贡茶，并且贡茶的样式必须是"取象于龙凤，以别庶饮"。咸平年间，丁谓研制出"大龙团"，到庆历年间，蔡襄又造出"小龙团"，大、小团茶成为当时的珍品。到北宋末年，在酷爱书画的艺术家皇帝宋徽宗赵佶的大力推动下，无论达官显贵还是文人墨客、市井百姓都加入了饮茶的行列，而且乐此不疲。

另一方面，宋朝社会环境比较特殊。在整个两宋时期，宋朝都面临着少数民族的威胁，内忧外患不断，但宋代发达的经济使得城市经济空前繁荣。同时，宋代政府对文人十分优待，因此，两宋文人的生活十分优越。在吏治腐败、国势衰微的局面下，宋代文人的生活虽然非常优越，但那种报国无门的痛苦却比任何朝代来得都要强烈。面对黑暗现实却又无能为力，宋代文人的心态日趋内敛，转而于寻常生活中寻求精神的满足，营造精巧雅致的生活氛围，而饮茶恰恰满足了他们的这一要求。

在文人与皇帝的参与下，宋代饮茶之风臻于鼎盛且穷极精巧。但宋朝茶风在精巧的背后却又日渐流于纤弱。过分追求精巧的饮茶风气直接导致了宋人对茶的审美，过分追求茶质、茶具及茶艺，从而背离了陆羽崇尚自然，强调茶具方便、耐用和宜茶的基本原则。

宋代的茶叶生产空前发展，饮茶之风非常盛行，既形成了豪华极致的宫廷茶文化，又兴起了趣味盎然的市井茶文化。宋代茶文化还继承唐人注重精神意趣的文化传统，把儒学的内省观念渗透到茶饮之中，又将品茶贯穿于各阶层日常生活和礼仪之中，由此一直到元明清各代。与唐代相比，宋代茶文化在以下三个方面呈现了显著的特点。

一是形成以"龙凤茶"为代表的精细制茶工艺。宋代的气候转冷，常年平均气温比唐代低2～3摄氏度，特别是在一次寒潮袭击下，众多茶树受到冻害，茶叶生产遭到严重破坏，于是生产贡茶的任务南移。太平兴国二年（977年），宋太宗派遣官员到建安北苑专门监制龙凤茶。龙凤茶是用定型模具压制茶膏并刻上龙、凤、花、草图案的一种饼茶。压模成型的茶饼上有龙凤的造型。龙是皇帝的象征，凤是吉祥之物。因而龙凤茶不同于一般的茶，其显示了皇帝的尊贵和皇室与贫民的区别。宋徽宗在《大观茶论》中写道："采择之精，制作之工，品第之胜，烹点之妙，莫不咸造其极。"

宋代创制的龙凤茶，把我国古代蒸青团茶的制作工艺推向一个历史高峰，拓宽了茶的审美范围，即由对色、香、味的品尝，扩展到对形的欣赏，为后代茶叶形制艺术发展奠定了审美基础。现今云南产的"圆茶""七子饼茶"之类和旧中国一些茶店里还能见到的"龙团""凤髓"的名茶招牌，就是沿袭宋代"龙凤茶"遗留的一些痕迹。

二是"斗茶"习俗的形成和"分茶"技艺的出现。宋朝将产于唐代的斗茶之风发挥极致。"斗茶"又称"茗战"，就是品茗比赛，把茶叶质量的评比当作一场战斗来对待。由于宫廷、寺庙、文人聚会中茶宴的逐步盛行，特别是一些地方官吏和权贵为博帝王的欢心，千方百计献上优质贡茶，为此先要比试茶的质量，斗茶之风便日益盛行起来。范仲淹描写"茗战"的情况说："胜若登仙不可攀，输同降将无穷耻。"（《和章岷从事斗茶歌》）斗茶不仅在上层社会盛行，还普及民间，唐庚在《斗茶记》中说："政和二年，三月壬戌，二三君子，相与斗茶於寄傲斋。予为取龙塘水烹之，而第其品，以某为上，某次之。"三五知己，各取所藏好茶，轮流品尝，决出名次，以分高下。宋人热衷于斗茶的原因很多，但就其实质说，仍然是寻找精神寄托。但是，既然是斗茶，就要分胜负，为处于竞争的最高点，宋人极力讲求蒸瀹技艺，对茶水、茶具也是精益求精，从而极大地推动了宋朝茶具的发展。

三是茶馆的兴盛。茶馆，又叫茶楼、茶亭、茶肆、茶坊、茶室、茶居等，简而言之，是以营业为目的，供客人饮茶的场所。唐代是茶馆的形成期，宋代则是茶馆的兴盛期。五代十国以后，随着城市经济的发展和繁荣，茶馆、茶楼也迅速发展和繁荣。京城汴京是北宋时期的政治、经济、文化中心，又是北方的交通要道，当时茶坊鳞次栉比，尤以闹市和居民集中地为盛。

唐朝到宋朝两个朝代的变更，同时还造成了饮茶方式的变化，前者为煮茶，后者为点茶，从而使茶器也发生了一些变化。

宋人的饮茶器具，尽管在种类和数量上，与唐代相比，少不了多少。但宋代茶具更加讲究法度，形制愈来愈精。如饮茶用的盏、注水用的执壶、炙茶用的钤、生火用的铫等，不但质地更为讲究，而且制作更加精细。宋承唐制，为适应斗茶游戏有所损益；明清趋于完善，尤其是宜兴紫砂壶以其艺术性、文化性而被誉为神品。

宋代文人作歌吟茶事的诗文数量众多，茶诗文中有涉及对茶政批判的，也有对茶艺、茶道进行细腻入微描写的。宋代的茶学专著也比较多，有25部，比唐代多19部。宋朝无疑是中国古代茶文化最为鼎盛的时期。

第一节 紫砂壶

陶器中的佼佼者首推紫砂茶具，早在北宋初期就已崛起，成为别树一帜的优秀茶具，明代大为流行。紫砂创始于何时，在我国陶瓷史上一直是悬而未决的问题。关于紫砂壶的探索，可以追溯到1000多年前，早在宋朝时，紫砂壶就开始流行了，苏东坡、梅尧臣等大文豪留下了一些咏茶名篇、名句。其中梅尧臣的"小石冷泉留早味，紫泥新品泛春华"，就讲了用紫砂陶壶烹茶。但宋朝紫砂制作的资料很少留下来，又鲜有实物，究竟如何，还有待考证。紫砂制作的历史一直到明朝才清晰起来。紫砂壶的出现，主要来源于人们的实践，人们发现用紫砂壶泡茶，茶味隽永醇厚。由于紫砂壶能吸收茶叶汁，用的时间愈长，泡出的茶水味道就愈好，紫砂壶泡茶就流行开来，紫砂壶制作家也应运而生。

紫砂壶

紫砂壶和一般的陶器不同，其里外都不敷釉，采用紫砂泥抟制焙烧而成，紫砂与瓷器相比属于未完全烧结，而瓷器则一般进行完全烧结，所以宜兴紫砂壶的硬度不及瓷器。由于成陶火温高，烧结密致，胎质细腻，既不渗漏，又有肉眼看不见的气孔，经久使用，还能吸附茶汁，壶内壁不刷，沏茶而绝无异味，因其内壁积聚"茶锈"，以致空壶注入沸水，也会茶香氤氲，这与紫砂壶胎质具有一定的气孔率有关，是紫砂壶独具的品质。紫砂壶蕴蓄茶味且传热不快，不致烫手；若热天盛茶，不易酸馊；即使冷热剧变，也不会破裂，如有必要，甚至还可直接放在炉灶上煨炖。紫砂茶具还具有造型简练大方、色调淳朴古雅的特点，外形有似竹结、莲藕、松段和仿商周古铜器的。

　　紫砂壶以宜兴紫砂壶最为出名，宜兴紫砂壶泡茶既不夺茶真香，又无熟汤气，能较长时间保持茶叶的色、香、味。紫砂茶具还因其造型古朴别致、气质特佳，经茶水泡、手摩挲，会变为古玉色而备受人们青睐。

　　制作紫砂壶的材料是紫砂泥，其质地细腻，由石英、高岭土、赤铁矿、云母等多种矿物构成，合理的化学、矿物、颗粒组成，使紫泥具备了可塑性好、生坯强度高、干燥收缩小等良好的工艺性能。紫砂泥分布在宜兴丁蜀地区，即使在宜兴，也只能在丁蜀地区范围内的陶土矿中找到紫

砂泥。紫砂泥原料，主要分为紫泥、绿泥和红泥三种，俗称"富贵土"。因其产自江苏宜兴，故称宜兴紫砂。

宜兴的紫砂泥是独一无二的，与紫砂泥类似的陶土虽然在其他地区也存在（如安徽、山东、广东等地的紫陶），但都无法与紫砂泥相比，这是因为宜兴紫砂泥的结构是绝无仅有的。紫砂泥的成分主要是石英、云母、赤铁矿和黏土。这些矿物微粒互相连接组成了一个个的团聚体，这种团聚体不但本身存在着气孔，而且团聚体与团聚体之间也因为在烧制过程中产生体积收缩而形成了很多气孔。如果气孔太大，那茶壶就成了筛子；太小或者没有气孔，又无法调节茶气而让茶汤存有熟茶汤气。而紫砂泥在正确烧制后形成的这种双重气孔结构则能两者兼顾，既能透气怡香，又能保水保温。这样茶叶的温、色、香、味就都被很好地保持住了，正是如此，紫砂壶才有了"世间茶具称为首"的称誉和几百年来人们对它的推崇。

紫砂泥粉碎的细度，以过60目筛为宜。泥料过粗，制作时费功；泥料过细，制作时粘手，坯体表面会引起皱纹，同时还会引起干燥，烧成收缩增大，降低烧成温度，则发生气泡缺陷。过60目筛的泥料，大的颗粒尚粗，在成型过程中是用精加工这道关键工艺，把器形周身理光，形成一层致密的表皮层。由于表皮层的存在，产品烧成的温度范围扩大了，不论在正常烧成温度的上限或下限，表皮层容易烧结，而壶身内壁仍能形成气孔。因此，成形时的精加工工艺，具有把泥料、成型、烧成三者有机地联系在一起的作用，赋予紫砂表面光洁，虽不挂釉但富有光泽，虽有一定的气孔率但不渗漏等特点。经1100摄氏度左右高温烧制而成，在600倍的显微镜下可以观察到它的双重气孔，使之具有透气而不透水的功能，这也是"隔夜茶不馊"的原因所在。

紫砂泥含铁量高，使紫砂发红和发紫，在泡茶过程中渗透出来的铁离子，对人体十分有利。前人总结紫砂壶的优点为：泡茶不失原味；壶久用，不放茶叶放水仍有茶味；冬入沸水不炸，夏入冰水不裂；提携无烫手之虞；壶盖与壶口配合严密，不会晃动；壶使用越久越美观耐看等。

一、紫砂壶的发展

对于紫砂的起源，通常的说法是紫砂壶的创始人为明代正德、嘉靖年间的龚春（供春）。"余从祖拳石公读书南山，携一童子名供春，见土人以泥为缸，即澄其泥以为壶，极古秀可爱，所谓供春壶也。"（吴梅鼎《阳羡瓷壶赋·序》）供春壶，当时人称赞"栗色暗暗，如古今铁，敦庞周正"。短短12个字，令人如见其壶。龚春将紫砂壶制作手艺传给时大彬、李仲芳。二人与时大彬的弟子徐友泉并称为万历以后的明代三大紫砂"妙手"。

时大彬的紫砂壶风格高雅脱俗，造型流畅灵活，虽不追求工巧雕琢，但匠心独运，朴雅别致，妙不可思。他的高足徐友泉晚年自叹："吾之精，终不及时（时大彬）之粗也。"徐友泉，手工精细，擅长将古代青铜器的形制做成紫砂壶，古拙庄重，质朴浑厚。传说，徐友泉幼年拜时大彬为师学艺，恳求老师为他捏一头泥牛，时大彬不允。此时一头真牛从屋外经过，徐友泉急中生智抢过一把泥料，跑到屋外，对着真牛捏了起来，时大彬大加赞赏，认为他很有才华，于是欣然授其全部绝活，后来果然自成一家。

关于紫砂壶还有一个美丽的传说。宜兴丁山（丁蜀镇）位于太湖之滨，是一个普通而美丽的小镇。很久以前，镇里的村民早出晚归，耕田做农活，闲暇时便用陶土制作日常所需的碗、罐。有一天，一个奇怪的僧人出现在他们的镇上。他边走边大声叫唤："富有的皇家土，富有的皇家土！"村民们都很好奇地看着这个奇怪的僧人。

僧人发现了村民眼中的疑惑，便又说："不是皇家，就不能富有吗？"人们就更加疑惑了，直直地看着他走来走去。奇怪的僧人提高了嗓门，快步走了起来，就好像周围没有人一样。有一些有见识的长者，觉得他很奇怪就跟着一起走，走着走着到了黄龙山和青龙山。突然间，僧人消失了。长者们四处寻找，看到好几处新开口的洞穴，洞穴中有各种颜色的陶土，便搬了一些彩色的陶土回家，敲打铸烧，神奇般的烧出了颜色和以前不同的陶器。一传十，十传百。就这样，紫砂陶艺慢慢形成了。

唐宋时人们以饮饼茶为主，采用的是煎茶法或点茶法和与此相应的茶具。元代时，条形散茶已在全国范围内兴起，饮茶改为直接用沸水冲泡，原来唐宋模式的茶具也不再适用了，茶壶被更广泛地应用于百姓茶饮生活中。直到明代才对泡茶的新茶具品种完成一次定型，从明代至今，人们使用的茶具品种基本上无多大变化，仅仅在茶具式样或质地上有所变化。正因如此，明代的小茶盏成了当时的创新茶具。在这一时期，紫砂茶具获得了极大的发展，无论是色泽和造型，还是品种和式样，都进入了穷极精巧的新时期。

清代的江苏宜兴紫砂陶茶具，在继承传统的同时，又有新的发展。特别值得一提的是传说当时任溧阳县令、"西泠八家"之一的陈曼生，设计了新颖别致的"八壶式"，由杨彭年、杨凤年兄妹制作，待泥坯半干时，再由陈曼生用竹刀在壶上镌刻文或书画，这种工匠制作、文人设计的"曼生壶"，为宜兴紫砂茶壶开创了新风，增添了文化氛围。乾隆、嘉庆年间，宜兴紫砂还推出了以红、绿、白等不同石质粉末施釉烧制的粉彩茶壶，使传统砂壶制作工艺又有新的突破。

二、紫砂壶的分类

紫砂壶的种类繁多，标准不一，仅造型式样就有"方非一式，圆不一相"之说。严格来说，紫砂壶分类方法主要有三种，可以按造型、是否有扭捏等装饰手段、是否出自工艺师之手来分。比如按造型可分为"几何形体""自然形体"和"筋纹形体"三类；按是否有扭捏等装饰手段又可分为花货和光货两类。

本书主要将紫砂壶按照工艺和行业划分。

紫砂壶按工艺可分以下五大类：光身壶、花果型、方壶、筋纹型、陶艺装饰壶。

1. 光身壶：以圆为主，它的造型是在圆形的基础上加以演变，用线条、描绘、铭刻等多种手法来制作，满足不同藏家的爱好。

2. 花果型：以瓜、果、树、竹等自然界的物种作为题材，加以艺术创作，使其充分表现出自然美和返璞归真的原理。

3. 方壶：以点、线、面相结合的造型。来源于器皿和建筑等题材，以书画、铭刻、印板、绘塑等作为装饰手段。壶体壮重稳健，刚柔相济，更能体现人体美学。

4. 筋纹型：筋纹菱花壶俗称"筋瓢壶"，是以壶顶中心向外围射有规则线条之壶，竖直线条叫筋，横线称纹，故也称"筋纹器"。

5. 陶艺装饰壶：一种是圆非圆、是方非方、是花非花、是筋非筋的较抽象形体的壶，可采用油画、国画的图案和色彩来装饰，是传统又非传统的陶瓷艺术。

紫砂壶按行业可分为以下两大类。

1. 花货：自然形体紫砂壶造型非常见的款型，通常由某位紫砂壶艺人的独特创意而设计出来，主要是用提炼取舍的艺术手法，利用自然形态的变化来造型。另外，则是在几何体上采用雕塑技法或浮雕、半圆雕装饰技法捏制茶壶，将生活中所见的各种自然形象和各种物象的形态以艺术手法设计成茶壶造型，诸如松树段壶、竹节壶、梅干壶、西瓜壶等，富有诗情画意，生活气息浓郁。花货的魅力所在就是它不会为传统紫砂壶造型所约束，拥有独特自由的艺术风格、巧妙有趣的款型，为现代艺术家所喜爱。明代供春树瘿壶是已知最早的花货紫砂壶。

花货紫砂壶

2. 光货：几何形体紫砂壶造型特点是壶身为几何体，表面光素。光货又分为圈器、方器两大类。

圈器，即茶壶的横剖面是圆形或椭圆形，圈器的轮廓由各种方向不同和曲率不同的曲线组成，讲究骨肉均匀，比例恰当，转折圆润，隽永耐看，显示一种活泼柔顺的美感，如圆壶、提梁壶、仿鼓壶、掇球壶等。

光货紫砂壶

方器，即茶壶的横剖面是四方、六方、八方等，方器的轮廓是由平面和平面相交所构成的棱线，讲究线面挺括平整，轮廓线条分明，展示出明快挺秀的阳刚之美，如僧帽壶、传炉壶、瓢梭壶等。紫砂光货虽没有华丽的外表，却以其朴素的自然形态、简洁明快的线条诉说着自己独特的造型语言，具有高雅脱俗的艺术魅力和独特的文化风格。

四方紫砂壶

高矮八方壶

　　面对如此繁多的种类，如今的玩家多是选择某一类来收藏、把玩、品味。一般的玩家都以几何形体和出自一般工艺师之手的作品作为自己的收藏重点。

三、紫砂壶的制作工艺

（一）烧制工艺

紫砂壶的捂灰烧制工艺是通过运用其他介质人为地对窑变现象的一种应用，在烧成过程中使紫砂壶变色均匀的一种烧成工艺。龙窑烧成时，因为茅柴未完全燃烧的残留物和炭灰的堆积，特别是在下段底部位置形成局部混合还原气氛，造成紫砂壶的变色现象。经过摸索、总结规律后，这种窑变现象逐渐被掌握运用。早期的捂灰是把紫砂壶装入匣钵内，在其内外用砻糠等塞满整个匣钵，遮盖封闭后把匣钵装在龙窑最底部进行烧制。因不具备龙窑底部的混合还原气氛，匣钵内一般采用细煤粉、木屑等碳性较强的燃料作为填充物，形成局部还原气氛，并采用低温（1100～1150摄氏度）烧制，以增加制品表面的碳素附着能力。

紫砂原料的吸附性很强，其本身又含有较多的有机物和碳素，在还原气氛下，这些有机物和碳素不易燃尽，并在400～600摄氏度且有氧化铁的情况下，氧化碳分解反应强烈进行，反应所产生的碳素被吸附在胎体表面，这些碳素的氧化在还原气氛中要推迟到烧成的末期及冷却的初期才能燃尽，所以捂灰烧成时的温度要低于实际的烧成温度。而密封匣钵中塞满的碳性填充物，能减少烧成时匣钵内燃烧产物中游离氧的含量，并隔离壶体，使紫砂壶在良好的局部还原气氛中

烧成。由于碳性填充物中碳素的渗入，加强了紫砂壶的着色效果。各种紫砂原料由于本身化学成分含量的差异，以及烧成时的温度和气氛等因素，捂灰烧成后的紫砂壶会呈现多种青黑色调。

（二）捂灰工艺

捂灰工艺主要是含铁量较高的紫砂壶在还原气氛下烧成，使原料中氧化铁存在的形式发生改变的一种工艺。在正常烧成条件下，紫砂原料中氧化铁的结晶大多数是赤铁矿在还原气氛中烧成，赤铁矿被还原成了磁铁矿晶体，故捂灰制品表面对磁铁有一定的吸附性。紫砂泥料中如绿泥类等一部分含铁较低的泥料一般不适宜捂灰烧成（捂灰烧成后多呈淡灰墨色，色泽效果不佳）。捂灰烧成后的紫砂壶，如再在中性 – 氧化气氛的窑炉中复烧，又会恢复到原来的颜色。

早在明代，紫砂工艺大师陈仲美就已使用调砂和铺砂的方法，来增强紫砂器表面的装饰效果。

（三）调砂工艺

在加工好的泥料或粉料中，根据要求调入各种具有一定大小及比例的砂质颗粒，以提高颗粒密度。调入的颗粒和基泥属于同一种矿料，称为本色调砂；调入的颗粒和基泥不属于同一种矿料，称为异色调砂。

本色砂调入原泥中，由于泥料质性相同，烧成后胎质色泽不会产生较大变化，但基泥中的颗粒含量有所增加，主要起到增强坯体骨架的作用。对于一些质性较软的颗粒，还需对颗粒进行600～800摄氏度的素烧以增加强度，否则颗粒在成型过程中易被工具压碎而造成器表拖尾现象。

如朱泥料大多收缩和变形率比较大，不利于单独制作大型作品，需凭借调砂的方法增加坯体强度，这样的坯体烧成后整体收缩及变形减小，提高了烧成成品率。因此，现代所见朱泥壶大多掺以粗砂颗粒或以熟料（熟料是将成品泥素烧后研磨成的粉料）支撑。

异色调砂因调入的颗粒和基泥色泽、质性等不同，会产生不同的色泽效果。当调入颗粒质性较硬时，烧成后器表颗粒凸显，呈粗梨皮状；当调入颗粒质性较软时，烧成后器表会产生细微的凹点状。颗粒质性越软，凹点就越明显，形成一种犹如橘皮状的肌理效果。

（四）铺砂工艺

铺砂是指在制作紫砂坯体的过程中，把不同泥色的砂粒采用铺、点、撒等方法，施于尚有一定湿度的坯体表面，再借助工具将砂粒嵌入坯体表层。铺砂主要起到点缀装饰的作用，使烧成后的紫砂器表面铺入的砂点和胎质色调形成鲜明的对比效果。

铺砂颗粒的质性一般要求高于或等同于坯体颗粒的质性。如质性较软，会造成制作时颗粒拖尾及烧成后因颗粒收缩较大而产生和胎质不相容的现象。

（五）抽砂工艺

抽砂是指在加工好的粉料或浆料中分离出某一部分规格的颗粒。在40目的粉料中抽离出60～80目的颗粒，使剩余的颗粒与细料烧成后形成一种粗与细明显的对比效果，产生新的质感。

四、紫砂壶的优点

紫砂茶具享负盛名，人们把紫砂茶具推崇为"世间茶具之首"，负有"名陶名器，天下无相"的美称。紫砂茶具是用深藏于山腹之中特有的紫、红等彩泥加工烧制而成，造型数以千计，颜色绚丽多彩，变幻莫测。

紫砂壶是介于陶和瓷之间属半烧结的精细陶器，表里都不施釉，耐冷耐热。它既有一定的机械强度，又有一定的气孔率；盛茶既不会渗漏，又有良好的透气性。总的来说，紫砂壶有以下六大优点。

1. 紫砂陶是从砂锤炼出来的陶，既不夺茶香气，又无熟汤气，故用以泡茶色、香、味皆蕴。紫砂陶是具有双重气孔结构的多孔性材质，气孔微细，密度高。用紫砂壶沏茶，不失原味。

2. 紫砂壶透气性能好，使用其泡茶不易变味，暑天隔夜不馊。久置不用，也不会有宿杂气。

3. 砂质茶壶能吸收茶汁，使用一段时日能增积"茶锈"，所以空壶里注入沸水也有茶香，这与紫砂壶胎质具有一定的气孔率有关，是紫砂壶独具的品质。

4. 紫砂壶冷热急变性能好，寒冬腊月，壶内注入沸水，绝对不会因温度突变而胀裂。同时砂质传热缓慢，泡茶后握持不会炙手。其还可以置于文火上烹烧加温，不会因受火而裂。

5.紫砂壶使用越久，壶身色泽越发光亮照人，气韵温雅。紫砂壶长久使用，器身会因抚摸擦拭，变得越发光润可爱，所以闻龙在《茶笺》中说："摩掌宝爱，不啻掌珠。用之既久，外类紫玉，内如碧云。"《阳羡茗壶系》说："壶经久用，涤拭口加，自发黯然之光，入可见鉴。"

6.便于洗涤，日久不用，难免异味，可用开水泡烫两三遍，然后倒去冷水，再泡茶原味不变。

综上所述，紫砂壶能"裹住香气，散发热气"，久用能吸引茶香，更能散发油润光泽，用得越久价值越高。

紫砂壶是用于泡茶煮茶的。对于紫砂壶的性能"色、香、味皆蕴"过去早有定论。而且，科学机构也对紫砂壶的"暑月夜宿不馊"一事，将其与陶瓷做了详细测试，证实了紫砂壶的确较陶瓷优越了许多，这一结论是基于紫砂原料的独特性。紫砂壶实用性强，乃在于它具有比较高的气孔率，使其具有透气性好的优点。据《中国陶都史》第394页记载，紫砂泥料"特点是含铁量比较高"，紫砂器的显微结构中存在大量的团聚体，它的气孔有两种类型，一种是团聚内部的气孔，另一种是包裹在团聚体周围的气孔群，且大部分属于开口型气孔，紫砂器良好的透气性，可能与这种特殊的显微结构有关。据宜兴陶瓷公司对各陶土理化工艺性能的测定，发现紫砂泥的气孔率高达10％以上。从而又说明了透气性好是"色、香、味皆蕴"和"暑月夜宿不馊"的主要原因。

第二节　搪瓷茶具

搪瓷是涂烧在金属底坯表面上的无机玻璃瓷釉。在金属表面进行瓷釉涂搪可以防止金属生锈，使金属在受热时不至于在表面形成氧化层，并且能抵抗各种液体的侵蚀。搪瓷制品不但安全无毒，易于洗涤洁净，可以广泛地用作日常生活中使用的饮食器具和洗涤用具，而且在特定的条件下，瓷釉涂搪在金属坯体上表现出的硬度高、耐高温、耐磨及绝缘作用等优良性能，使搪瓷制品有了更加广泛的用途。瓷釉层还可以赋予制品以美丽的外表，装点人们的生活。可见搪瓷制品兼备了金属的强度、瓷釉华丽的外表和耐化学侵蚀的性能。

景泰蓝茶壶

搪瓷起源于古代埃及，后来传入欧洲。但现在使用的铸铁搪瓷始于 19 世纪的德国与奥地利。搪瓷工艺传入我国，大约是在元代。明代景泰年间（1450—1456 年），我国创制了珐琅镶嵌工艺品景泰蓝茶具。清代乾隆年间（1736—1795 年），景泰蓝从宫廷流向民间。这可以说是我国搪瓷工业的肇始。

搪瓷茶具按照材质可分为玻璃搪瓷和铸铁玻璃搪瓷两大系列，具有耐酸碱、耐热震、耐高温、抗冲击，不含任何对人体有害的元素等特点，是家庭餐厅最理想的炊具。中国搪瓷行业生产的搪瓷制品有：日用搪瓷制品（面盆、口杯等），工业配套搪瓷制品（反应罐），卫生洁具搪瓷制品（浴盆、沐浴间等），厨房用搪瓷制品（洗涤槽、橱柜、灶具等），家用搪瓷制品（电火锅、烧杯、取暖器、电热水器搪瓷内胆等），建筑用搪瓷制品（建筑平板搪瓷、搪瓷管道等），其他搪瓷制品（艺术搪瓷、挂盘、医用盛器、保健搪瓷制品）。

搪瓷按用途可分为艺术搪瓷、日用搪瓷、卫生搪瓷、建筑搪瓷、工业搪瓷、特种搪瓷等。搪瓷生产主要有釉料制备、坯体制备、涂搪、干燥、烧成、检验等工序。对于艺术搪瓷、日用搪瓷、卫生搪瓷、建筑搪瓷等，为了满足外观装饰和使用的需要，还需经过彩饰和装配。工业搪瓷设备则需经检测后再进行组装。

我国真正开始生产搪瓷茶具，是 20 世纪初的事，至今已有 100 多年的历史。搪瓷茶具因质地坚固、耐用、图案清晰、质量较轻且不易腐蚀而闻名。在多种多样的搪瓷茶具中，仿瓷茶杯洁白、细腻而有光泽，可以和瓷器相媲美；网眼花茶杯有网眼或彩色加网眼作修饰，层次明晰，具有比较强的艺术感；碟形茶杯与鼓形茶杯造型新颖别致，质量轻且做工精巧；加彩搪瓷茶盘则可以用于摆放茶杯、茶壶等。这批各具特色的搪瓷茶具，都深受广大茶人的喜欢。然而搪瓷茶具因传热迅速，容易烫手，且置于茶几上时，会将桌面烫坏，所以使用的时候有一定的局限性，通常不用来招待宾客。

搪瓷茶具

第六章

茶文化普及期的茶具（明、清）

　　清代时期的茶盏和茶壶，一般多以陶或者瓷来制作，其工艺以康熙、乾隆时期最为精湛，其中更以"景瓷宜陶"最为出色。清代时期的茶盏，其中以康熙、雍正、乾隆时期盛行的盖碗最负盛名。清代时的精品瓷茶具，大多出产自江西景德镇，景德镇有四大传统名瓷，分别为青花、玲珑、粉彩、颜色釉，其中尤以薄胎瓷堪称神奇珍品，雕塑瓷则为我国传统工艺美术品。瓷器的兴盛使得很多精美的茶具在民间广为流传，明代时不少文人雅士流传下来的作品也为茶文化的普及起了推动作用。17世纪时，中国景德镇的薄胎瓷传入了欧洲，英国人在陶土中加入了动物骨粉，创造了骨瓷，这也是世界上唯一由西方人发明的瓷种。

　　另外，自清代开始，福州的漆器茶具、四川的竹编茶具、海南的生物（如椰子、贝壳等）茶具也陆续地出现，并自成一格，深受人们喜爱，这也使得清代的茶具异彩纷呈，形成了这一时期茶具新的重要特色。

第一节 瓷器茶具

瓷器是独属于中国的发明之一，是中国古代汉族劳动人民的智慧与力量的结晶。瓷器一般以瓷土为胎料，含铁量通常在 3% 以下，低于陶土的含铁量。但烧成温度一般比陶土高，通常在 1200 摄氏度左右。出产的瓷器胎体坚固紧密，表面十分光洁，薄音部分可呈半透明状，断面不吸水，敲击时会伴有清脆的金属声响。

中国茶文化是中国制茶、饮茶的文化。作为老百姓的开门七件事（柴、米、油、盐、酱、醋、茶）之一，饮茶在中国的古代是非常流行的事情。中国的茶文化又与欧美、日本的茶文化有很大的区别。中国的茶文化源远流长、博大精深，不仅包含物质文化层面，还有着深厚的精神文明内涵。唐代时被称为"茶圣"的陆羽，其所著的《茶经》一书便在历史上吹响了中华茶文化的响亮号角。从此，茶的精神渗透到宫廷和民间，并由此深入中国的诗词、绘画、书法、宗教、医学等各个方面。自唐代之后，还出现了饮茶、斗茶之风，这个时候品茶的器具也开始渐渐讲究起来。茶具的器型、花色也出现了一些艺术气质的变化。而瓷器茶具的鼎盛时期，仍属清朝。这个时期，茶具在器形上的讲究日臻完美，这其中尤以皇宫御品为精品典范。同时还出现了除青花之外的斗彩、粉彩、五彩、釉里红、珐琅彩等新型彩绘，给瓷器的繁盛锦上添花。这些出彩的茶具配合中国独特的茶文化，更是兼具了艺术和实用的功效。

魏晋南北朝时期我国的瓷器生产开始出现了飞跃式的发展，到了隋唐，我国的瓷器生产开始进入一个繁荣阶段。如唐代的瓷器制品已达到圆滑轻薄的高度，唐皮日休曾说道："邢客与越人，皆能造瓷器，圆似月魂堕，轻如云魄起。"当时的"越人"多指分布在浙江东部地区的族群，越人造的瓷器形如圆月，轻如浮云。因此当时还曾有"金陵碗，越瓷器"的美誉。王蜀曾在其诗作中写道："金陵含宝碗之光，秘色抱青瓷之响。"宋代的制瓷工艺技术则更是独具风格，且名窑辈出，如"定州白窑"等。宋世宗时有"柴窑"。据说"柴窑"出的瓷器"颜色如天，其声如磬，精妙之极"。

一、白瓷茶具

白瓷茶具在唐代曾获得过"假玉器"的赞誉，其成品一般质薄光润，白里泛青，雅致悦目。白瓷茶具的诞生促进了茶具生产的发展，中国有许多地方的瓷业都很兴旺，因此便逐渐形成了一批以生产茶具为主的著名窑场。而各窑场之间也争美斗奇，相互竞争。另据《唐国史补》记载，河南巩县瓷窑在烧制茶具的同时，还塑造了"茶神"陆羽的瓷像，客商每购茶具若干件，就能获赠一座陆羽的瓷像，以名人效应来招揽生意。而其他如河北任丘的邢窑、浙江余姚的越窑、湖南的长沙窑、四川的大邑窑，也都盛产白瓷茶具。唐代烧制的白瓷，胎釉白净，如银似雪，标志着白瓷已真正成熟。目前，已发现河北临城的邢窑、曲阳窑，河南的巩县窑、鹤壁窑、登封窑、郏县窑、荥阳窑、安阳窑，山西的浑源窑、平定窑，陕西的耀州窑，安徽的萧窑等都出产白瓷。河北邢窑生产的白瓷器具已"天下无贵贱通用之"。唐朝白居易还曾作诗盛赞四川大邑生产的白瓷茶碗。元代开始，江西景德镇出产的白瓷茶具便已远销国外。

白瓷茶具

二、黑瓷茶具

黑瓷茶具出现于晚唐时期，在宋代时达到鼎盛，一直延续到元代。宋代福建斗茶之风十分盛行，斗茶者根据经验认为建安所产的黑瓷茶盏用来斗茶最为适宜，因此黑瓷茶具便从此驰名。宋人在衡量斗茶的效果时，一般以两个方面为准：一看茶面汤花色泽和均匀度，以茶面汤花“鲜白”为优品；二看汤花与茶盏相接处水痕的有无和出现的迟早，以“盏无水痕”为上上品。时任三司使给事中的蔡襄，在他的《茶录》中就说得很明白：“视其面色鲜白，著盏无水痕为绝佳；建安斗试，以水痕先者为负，耐久者为胜。”黑瓷茶具，正如宋代祝穆在《方舆胜览》中说的“茶色白，入黑盏，其痕易验”。所以，宋代的黑瓷茶盏，成了瓷器茶具中最盛行的品种。

“茶色白，宜黑盏，建安所造者绀黑，纹如兔毫，其坯微厚，熔（原为熁）之久热难冷，最为要用。出他处者，或薄或色紫，皆不及也。其青白盏，斗试家自不用。”（《茶录》）这种黑瓷兔毫茶盏，风格独特，古朴雅致，而且瓷质厚重，保温性能较好，故为斗茶行家所青睐。而其他瓷窑也竞相仿制，如四川省博物馆馆藏的一只黑瓷兔毫茶盏，就是产自四川的广元窑，其造型、瓷质、釉色和兔毫纹与建瓷不差分毫，几可乱真。

在浙江的余姚、德清一带也曾出产过漆黑光亮、美观实用的黑釉瓷茶具，最流行的是一种叫鸡头壶的茶具，这种茶具的茶壶嘴呈鸡头状，现今，在日本东京的国立博物馆还保存有一件真品，名叫“天鸡壶”，被当代文物收藏家视作珍宝。

黑瓷茶具

三、青瓷茶具

青瓷茶具早在东汉年间就已出现，在晋代时，浙江的越窑、婺窑、瓯窑生产这种瓷器已具相当规模。那时青瓷的主要产地在浙江，最流行的是一种叫"鸡头流子"的有嘴茶壶。六朝以后，许多青瓷茶具开始出现莲花纹饰。唐代的茶壶又称"茶注"，壶嘴称"流子"，式样短小，取代了晋时的鸡头流子。相传唐时西川节度使崔宁的女儿发明了一种茶碗的碗托，这种碗托以蜡做成圈，用来固定茶碗在盘中的位置。之后逐渐演变为瓷质的茶托，这便是后来常见的茶托子，如今称其为"茶船子"，其实早在《周礼》中就把盛放杯樽之类的碟子叫作"舟"，可见"舟船"之称远古已有。

青瓷茶具

　　宋代饮茶，茶盏十分盛行，使用盏托也较为普遍。茶盏又称茶盅，实际上是一种小型的茶碗，它能最大限度地发挥和保持茶叶的香气滋味，这一点即便在今天也很符合科学道理。如果茶杯过大，则会适得其反，不但茶的香味易散，而且注入开水多，载热量大，容易烫熟茶叶，使茶汤失去鲜爽味。由于宋代瓷窑的竞争，技术的提高，使得茶具种类日渐增加，出产的茶盏、茶壶、茶杯等品种繁多，式样各异，色彩雅丽，风格也大不相同。16世纪，浙江龙泉县哥窑生产的青瓷茶具，就曾远销欧洲市场，且引起了人们的极大兴趣。唐代顾况曾在《茶赋》中写道："舒铁如金之鼎，越泥似玉之瓶。"韩偓《横塘》云："越瓯犀液发茶香。"这些诗句都赞扬了翠玉般的越窑青瓷茶具的优美。宋时，五大名窑之一的浙江龙泉哥窑达到鼎盛时期，生产各类青瓷器，包括茶壶、茶碗、茶盏、茶杯、茶盘等，瓯江两岸盛况空前，群窑林立，烟火相望，运输船舶往返如梭，呈现出一派繁荣景象。

四、彩瓷茶具

彩瓷是瓷器釉下彩和釉上彩瓷器的总称。釉下彩瓷器是先在坯上用色料进行装饰，再施青色、黄色或无色透明釉，经高温烧制而成。釉上彩瓷器是在烧成的瓷器上用各种色料绘制图案，再经低温烘烤而成。

（一）青花瓷茶具

彩瓷茶具中尤以青花瓷茶具最引人注目。它的特点是花纹蓝白相间，使人赏心悦目；同时，其色彩淡雅、可人，有华而不艳之姿。洁白的瓷器与粉彩画作相互衬托，相映成趣，呈现出秀丽雅致、粉润柔和的艺术效果，同时还兼有"白如玉、明如镜、薄如纸、声如磬"的艺术水准。加之彩料之上涂釉，显得滋润明亮，更平添了青花瓷茶具的独特魅力。青花瓷茶具体现出了极高的绘画工艺水平，特别是将中国传统绘画技法运用在瓷器上，因此这也可以说是元代绘画的一大成就。明代时，景德镇生产的青花瓷茶具，诸如茶壶、茶盅、茶盏，花色品种越来越多，质量也愈来愈精艺，出产的产品无论是器形、造型、纹饰等都冠绝全国，成为其他生产青花茶具窑场竞相模仿的对象，青花瓷茶具在清代时期，特别是康熙、雍正、乾隆时期，又进入了一个历史高峰，它超越前朝，影响后代。康熙年间烧制的青花瓷器具，更是史称为"清代之最"。

青花瓷茶杯

青花瓷茶盏

青花瓷茶具

（二）玲珑瓷茶具

玲珑瓷是在瓷器坯体上通过镂雕的工艺，雕镂出许多有规则的"玲珑眼"状的洞眼形状，然后用釉烧成后这些洞眼便会形成半透明的亮孔，十分美观，玲珑瓷也被喻为"卡玻璃的瓷器"。玲珑瓷工艺精湛，装饰设计时会统一考虑玲珑眼与青花纹饰及加彩的协调性，从而制成青花玲珑瓷。青花玲珑瓷釉面呈现出白中泛青，出产的产品料色幽靓雅致，玲珑碧绿透明，釉中有釉，花中有花，相互衬托，相映生辉，且这类瓷器耐酸、耐碱侵蚀，更无铅毒。而如果在釉上进行彩绘创作，则会形成清雅中见鲜润的青花玲珑加彩瓷。随着玲珑瓷成型的机械化程度日益提高，玲珑釉便由一种碧绿色发展到多种颜色，玲珑眼也由最先的米粒状变为各种形状组成的美丽图案。与玲珑眼相结合用来装饰的青花，也由早先单纯的边脚图案发展到山水、花鸟、人物等。

玲珑瓷茶海

玲珑瓷茶壶

玲珑瓷茶杯

（三）釉上彩茶具

五彩是釉上彩品种之一，又称"硬彩"，是在已烧成的白瓷上，用红、绿、黄、紫等各种彩色颜料绘成图案花纹，经低温烘烤而成。

珐琅彩，釉上彩品种之一，又名"瓷胎画珐琅"，即在烧成的白瓷上，用珐琅料作画。珐琅料中的主要成分为硼酸盐和硅酸盐，配入不同的金属氧化物，经低温烘烤后即呈各种颜色，多以黄、绿、红、蓝、紫等色彩作底，再彩绘花卉、鸟类、山水和竹石等各种图案，纹饰有凸起之感。

　　粉彩瓷，又叫软彩瓷，是汉族传统制瓷工艺中的珍品，以粉彩为主要装饰手法。粉彩是一种在釉（瓷胎）上彩绘后用低温烧成的彩绘方法。粉彩瓷器是清康熙晚期在五彩瓷基础上，受珐琅彩瓷制作工艺的影响而创造的一种釉上彩新品种，从康熙晚期创烧，后历朝流行不衰。

粉彩茶具

（四）釉下彩茶具

釉里红，釉下彩品种之一。在瓷器生坯上用含氧化铜的色料绘制图案花纹，然后施透明釉，经还原焰高温烧制而成。

斗彩，釉下青花与釉上彩结合的品种，又称"逗彩"。先在瓷器生坯上用青花色料勾绘出花纹的轮廓像，施透明釉，用高温烧制而成，再在轮廓像内用红、黄、绿、紫等多种色彩填绘，经低温烘烤而成。除填彩外，还有点彩、加彩、染彩等数种。

五、颜色釉茶具

颜色釉茶具是指各种施单一颜色高温釉瓷器的统称，主要着色剂有氧化铁、氧化铜、氧化钴等。以氧化铁为着色剂的有青釉、黑釉、酱色釉、黄釉等。以氧化铜为着色剂的有海棠红釉、玫瑰紫釉、鲜红釉、石红釉、红釉、豇豆红釉等，均以还原焰烧成，若以氧化焰烧成，釉呈绿色。以氧化钴为着色剂的瓷器，烧制后为深浅不一的蓝色。此外，黄绿色含铁结晶釉色也属于颜色釉瓷，俗称"茶叶末"。

颜色釉茶具

颜色釉存茶罐

六、欧式瓷器茶具

如今英国的骨瓷流入中国。骨瓷因在其土中加入牛、羊等食草动物的骨灰（以牛骨粉为佳）而得名，是环保的绿色消费品。骨瓷，也称玉瓷，是世界上公认的最高档的瓷器种类。骨瓷经过1380摄氏度高温烧制而成，声音清脆，质地轻巧，细密坚硬，不易磨损及破裂，在灯光的照射下晶莹、白皙、透亮，色泽成天然骨粉独有的自然奶白色。瓷质细腻通透，器型美观典雅，彩面润泽光亮，花面多姿多彩。骨瓷是一种比较昂贵的瓷器，据说英国的皇室、美国中上层人士饮茶，多用骨瓷茶具。如今中西合璧，中国的白瓷、青瓷、黑瓷也都制作成咖啡具，英国的骨瓷也不会忽略中国茶具的制作。

雪花球茶壶的诞生：直到1710年，在爱瓷成痴的奥古斯都二世的主持下，欧洲人才破解了"白色黄金"——瓷器的烧制秘方，建起首座瓷窑，成就了如今被誉为"欧洲第一瓷"的德国梅森（Meissen）。

骨瓷

雪花球茶壶

这种手法要求在主体泥坯成形后，将无数细巧的五瓣雪球花朵逐一粘上，层层叠叠覆盖整个表面，而后加上枝叶和花朵等，烧制后再上色，呈现出精致繁复的美感。全部过程均由工匠手工完成。纪念款雪花球茶壶使用白色为底色，手柄、壶嘴和枝叶用金色装饰，平添几分富贵气质。

七、瓷器主要产地

（一）瓷都景德镇

北宋景德元年（1004年），真宗赵恒曾下旨，在浮梁县昌南镇办御窑，并把昌南镇改名为景德镇，沿用至今。这时景德窑生产的瓷器，质薄光润，白里泛青，雅致悦目，而且瓷器上已有多彩施釉和各种彩绘。当时彭器资《送许屯田诗》曾这样评价："浮梁巧烧瓷，颜色比琼玖。"

到了元代，景德镇因烧制青花瓷而闻名于世。青花瓷茶具，被人们称为"人间瑰宝"。原始青花瓷于唐宋已见端倪，成熟的青花瓷则出现在元代景德镇的湖田窑。它用氧化钴料在坯胎上描绘纹样，施釉后经高温一次烧成。它蓝白相映，怡然成趣，晶莹明快，美观隽久。白釉青花，花从釉里透分明，使人赏心悦目。青花瓷，落笔简洁，却偏有不动声色之奢华；用色纯净，却偏有散落空灵之凝重。不仅为国内所共珍，还远销国外。

明代景德镇俨然已成为全国制瓷中心。景德镇在生产青花瓷的基础上，又先后创造了各种彩瓷，其造型小巧精致，胎质细腻，彩色艳丽，画意生动活泼，在明代嘉靖、万历年间被人们视同拱璧。明代刘侗、于奕正所著《帝京景物略》一书中曾写道："成杯一双，值十万钱。"

景德镇

　　而到了清代，各地制瓷名手纷纷云集景德镇，制瓷技术又有了不少创新。到雍正时期，珐琅彩瓷茶具胎质洁白，通体透明，不含杂质，薄如蛋壳，已达到了纯乎见釉、不见胎骨的完美程度。这种瓷器对着光可以从背面看到胎面上的彩绘花纹图，有如"透轻云望明月""隔淡雾看青山"。制作之巧，构思之精，令人折服。对于瓷器茶具，景德镇向来重视瓷釉色彩，这里的颜色釉瓷器很早以前就十分著名。我国瓷器为色釉装饰，大约起源于商代陶器。东汉出现了青釉瓷器，唐代创造了唐三彩，分别指黄、紫、绿三彩，宋代有影青、粉青、定红、紫钧、黑釉等。

唐三彩

据史籍记载，在宋元时期，景德镇瓷窑就已经有300多座，而颜色釉瓷占据很大比重。到了明清时期，景德镇的颜色釉取众窑之长，尽人工之巧，承前启后，造诣极高，创造了钧红、祭红和郎窑红等名贵色釉。

钧红是我国最早出现的铜红釉品种，因它最初为宋时河南禹州钧窑所烧造，故称为"钧红"。钧红釉瓷器属我国最早出现的一个铜红釉品种，它的诞生，结束了当时青花瓷独占鳌头的局面，这在我国瓷业发展史上，是一件划时代的大事。其意义深远，不但是钧瓷工艺的一大创举，而且开辟了陶瓷美学的新境界，为元明清时期出现的釉里红、鲜红、郎窑红、豇豆红等名品奠定了基础。

明代永宣年间，景德镇瓷工继钧红之后，创造了祭红。祭红娇而不艳，红中透紫，色泽深沉而安定。古代皇室用这种红釉瓷做祭器，因而得名祭红。祭红因烧制难度极大，成品率很低，所以身价很高。古人在制作祭红瓷时，即使用再名贵的原料如珊瑚、玛瑙、玉石、珍珠、黄金等都在所不惜。

宝石红茶碗

郎窑红又叫宝石红，是我国名贵铜红釉中色彩最鲜艳的一种，色调鲜艳夺目，绚丽多彩，且具有一种强烈的玻璃光泽，因此很受人喜爱。由于釉汁厚，在高温下产生流淌，所以成品的郎红往往于口沿露出白胎，呈现出旋状白线，俗称"灯草边"。而底部边缘釉汁流垂凝聚，近于黑红色。为了流釉不过底足，工匠用刮刀在圈足外侧刮出一个二层台，阻挡流釉淌下来，这是郎窑红瓷器制作过程中一个独特的技法，世有"脱口垂足郎不流"之称。

如今景德镇已恢复和创制了70多种颜色釉，如钧红、郎窑红、豆青、文青等已赶上或超过历史最高水平，还新增了火焰红、大铜绿、丁香紫等多种颜色釉。这些釉不仅用于装饰工艺陈设瓷，也用以装饰茶具等日用瓷。使瓷器"白如五、薄如纸、明如镜、声如磬"的优点更加发扬光大。

（二）福建德化瓷

德化瓷的制作最早是始于新石器时代，兴于唐宋，盛于明清，技艺独特，至今传承未断。如今德化县内保存着宋元时期的碗坪和屈斗宫等窑址。最早可追溯到新石器时代烧造印纹陶器，唐代已开始烧制青釉器，宋代生产的白瓷和青瓷已很精致，瓷器产品开始大量出口，元代德化瓷塑佛像已经进贡朝廷，得到帝王的赏识。明、清两代，德化瓷器大量流传到欧洲，它的象牙白釉（又名奶油白）对欧洲瓷器的艺术产生了很大的影响。德化瓷一直是我国重要的对外贸易品，与丝绸、茶叶一道享誉世界，为制瓷技术的传播和中外文化交流作出了贡献。

到了明代，德化瓷艺人何朝宗利用当地优质的高岭土，使用捏、塑、雕、刻、刮、削、接、贴八种技法制作出了精致美丽的德化瓷塑，其釉色乳白，如脂如玉，晶莹剔透，色调素净雅致，享有"象牙白""中国白"和"国际瓷坛明珠"的美誉，并成为中国白瓷的代表。郑和下西洋所带的瓷器中，就有福建的德化瓷。意大利著名旅行家马可·波罗在游历福建泉州时，盛赞德化瓷之精妙，并将德化瓷带往海外各地，扩大了其在世界的影响力。

据此，可以说明代德化的制瓷技术已经达到了历史的最高水平，在造型艺术方面也达到了前所未有的高度。而德化陶瓷中还是以明代生产的白瓷最具特点和影响力，因此闻名于世界。白瓷已成为陶瓷世界里天生丽质、别具一格的艺术瑰宝，在清代出口欧洲。

中华人民共和国成立后，德化瓷业人才辈出，他们不仅继承前人的优秀技法和风格，还不断创新发展，使德化瓷烧制技艺重新焕发出青春光彩。

（三）湖南醴陵瓷

醴陵是一座古老而充满现代气息的江南城市，享有"瓷城"的美誉，是举世闻名的釉下五彩瓷原产地。

醴陵陶瓷生产已有近两千年的历史，远在东汉时期，醴陵就有较大规模的作坊，专门从事陶器制作。

到了清朝雍正七年(1729年)醴陵开始烧制粗瓷。清朝末年至民国初年，醴陵瓷业进入一个新的发展时期。

湖南醴陵瓷器的特点是瓷质洁白，色泽古雅，音似金玉，细腻美观，图案画工精美。自古就有"天下名瓷出醴陵"的说法，醴陵瓷器被称为东方陶瓷艺术的高峰。醴陵的釉下彩瓷，五彩缤纷，更是誉满中外的传统产品，在1915年巴拿马国际商品博览会上曾获金牌奖章。

如今醴陵群力瓷厂继承和发扬这里特有的生产工艺而制造的釉下彩茶具等，其画面犹如穿上一层透亮的玻璃纱，洁白如玉，晶莹润泽，层次分明，立体感强。这种餐具和茶具装饰淡雅，造型新颖，配套齐全，既实用，又富有艺术性。多年来，这些餐具和茶具一直在北京人民大会堂的宴会厅内使用，受到国内外来宾的赞赏，被誉为陶瓷艺术王国里的明珠。1979年醴陵釉下彩茶具和景德镇青花瓷器一起，被评为全国优质产品，荣获金质奖。

(四) 龙泉青瓷

龙泉青瓷是汉族传统制瓷工艺的珍品，南朝时期，龙泉汉族劳动人民利用当地优越的自然条件，吸取越窑、婺窑、瓯窑的制瓷经验，开始烧制青瓷。在南宋时龙泉已成为全国最大的窑业中心，并烧制出了晶莹如玉的粉青釉和梅子青釉，这标志着龙泉青瓷已达到了巅峰，青如玉、明如镜、薄如纸、声如磬，赏之让人心情畅然，其不仅成为当代珍品，还是当时皇朝对外交换的主要物品。龙泉青瓷前后辉煌了数百年。据史料记载，在宋元时代，"瓯江两岸，瓷窑林立，烟火相望，江中运瓷船只来往如织"。

浙江龙泉青瓷，以造型古朴挺健，釉色翠青如玉著称于世，是瓷器中的一颗灿烂明珠，被人们誉为"瓷器之花"。龙泉青瓷产于浙江西南部龙泉县境内，这里林木葱茏，溪流纵横，是我国历史上瓷器的重要产地之一。

　　龙泉青瓷有哥窑瓷和弟窑瓷之分。哥窑瓷特点是黑胎厚釉，瓷器釉面布满裂纹，呈现金丝铁线、紫口铁足的特征。由于窑温不易控制，优等青瓷极难得，往往成为帝王将相专用之物。弟窑瓷的特点是白胎厚釉，外形光洁不开片。品赏弟窑瓷让人心情畅然。在宋元时，出口到外国的龙泉青瓷大多是弟窑所产。造瓷艺人章生一、章生二兄弟俩的"哥窑""弟窑"，继越窑有发展，学官窑有创新，因而产品质量突飞猛进，无论釉色或造型都达到了极高造诣。因此，哥窑被列为五大名窑之一，弟窑亦被誉为名窑之巨擘。

　　从宋代起，龙泉青瓷不仅是国内畅销产品，还成为重要出口商品，博得国内外群众的广泛喜爱。16世纪晚期，龙泉青瓷传入法国，其青翠欲滴的釉色，令法国人惊叹不已，不愿以俗名称呼它，时逢名剧《牧羊女》风靡巴黎，风趣的巴黎人认为，只有剧中主角——雪拉同的青袍，堪与龙泉青瓷媲美，于是他们把龙泉青瓷称为"雪拉同"，至今法国人对龙泉青瓷仍沿用这一美称。世界上几乎所有著名博物馆，都珍藏有龙泉青瓷，仅土耳其伊斯坦堡博物馆就有 1000 多件，日本东京还设有专楼珍藏，只有高级外宾到来或樱花时节才开放，供人们观赏。

（五）哥窑瓷

哥窑瓷又称哥瓷，是南宋龙泉青瓷窑系中一些技术力量很强的作坊，受官窑工艺的影响，生产出的一种釉面满布碎片纹的青瓷。

瓷器胎薄质坚，釉层饱满，色泽静穆，有粉青、翠青、灰青、蟹壳青等，以粉青最为名贵。釉面显现纹片，纹片形状多样，纹片大小相间的，称为"文武片"，有像细眼的称"鱼子纹"，类似冰裂状的称"白圾碎"，还有"蟹爪纹""鳝血纹""牛毛纹"等。这本来是因釉原料收缩系数不同而产生的一种疵病，但人们喜爱它的自然、美观，反而成了别具风格的特殊美。它的另一特点是器脚露胎，胎骨如铁，口部釉隐现紫色，因而有"紫口铁脚"之称。宋代龙泉窑的工匠人为控制胎釉成分做出这种奇特片纹的瓷器，为宋代瓷器艺术的百花园增添了光彩。

（六）弟窑瓷

弟窑瓷造型优美，胎骨厚实，釉色青翠，光润纯洁，有梅子青、粉青、豆青、蟹壳青等。其中以粉青、梅子青为最佳。滋润的粉青酷似美玉，晶莹的梅子青宛如翡翠。

青瓷艺人向来追求"釉色如玉"，弟窑产品可谓达到了这样的艺术境界，其釉色之美，至今世上尚无匹敌。器物的棱沿部分微露白痕，称为"出筋"，底部呈现朱红，称为"朱砂底"。有的不加任何装饰，却给人以清新活泼之感；有的却做巧妙装饰，如在瓶肩上饰一只虎、一条龙或两只远眺的凤鸟，神态逼真，栩栩如生；有的将碗口沿做成荷叶状，中间伏着一只龟，或内刻双鱼，别有风韵。

（七）钧瓷

钧瓷发端于东汉，是宋代五
大名窑瓷器之一，汉族传统制瓷
工艺中的珍品，被称为国宝、瑰
宝。它的主要贡献在于烧制成艳
丽绝伦的红釉钧瓷，从而开创了
铜红釉之先河，改变了以前中国
高温颜色釉只有黑釉和青釉的局
面，开拓了新的艺术境界。钧瓷
因宋徽宗时期曾在禹州市内古钧
台附近设置官窑专门烧制御用瓷
而得名，素有"黄金有价，钧无
价"和"家有万贯，不如钧瓷一件"
的美誉。

钧窑的故乡在今河南省禹州
市，它也是河南省禹州市神垕镇
独有的国宝瓷器。其凭借古朴的
造型，精湛的工艺，复杂的配釉，
"入窑一色，出窑万彩"的神奇
窑变，湖光山色，云霞雾霭，人、
兽、花、鸟、虫、鱼等变化无穷
的图形色彩和奇妙韵味，被誉为
中国"五大名瓷"之首。

新中国成立后，在周恩来的直接关怀下，钧瓷恢复烧制，得到了快速发展。特别是改革开放以来，钧瓷的生产工艺与水平都得到了划时代的提升，钧瓷不断作为国礼现身世界。

第二节　漆器茶具

我国的漆器起源久远，在距今约 7000 年前的浙江余姚河姆渡文化中，就有可用来作为饮器的木胎漆碗。至夏商以后，漆制饮器就更多了。但在后来很长的历史发展时期中，一直未曾形成规模性生产。特别是自秦汉以后，有关漆器的文字记载不多，存世之物更属难觅。这种局面，直到清代，才出现转机。漆器茶具主要产于福建福州一带，福州生产的漆器茶具多姿多彩，有"宝砂闪光""金丝玛瑙""釉变金丝""仿古瓷""雕填""高雕"和"嵌白银"等品种，特别是在创造了红如宝石的"赤金砂"和"暗花"等新工艺以后，更是光彩夺目，惹人喜爱。

脱胎漆茶具通常是一把茶壶连同四只茶杯，存放在圆形或长方形的茶盘内，壶、杯、盘通常呈一色，多为黑色，也有黄棕、棕红、深绿等，并融书画于一体，饱含文化意蕴；且轻巧美观，色泽光亮，明镜照人；又不怕水浸，能耐高温、耐酸碱腐蚀。脱胎漆茶具除有实用价值外，还有很高的艺术欣赏价值，常为鉴赏家所收藏。

漆器茶具是通过采割天然漆树液汁进行炼制而成的。传统漆器的涂料又称为大漆，采自生长了 8～13 年的成熟漆树，取主要成分为漆油的树液酿制加工而成。这类涂料有着非同一般的特性，干燥后可形成一层保护膜，坚硬且抗酸碱，兼具防水、耐热的特点，黏着力很强，掺进所需色料，制成绚丽夺目的器件，漆器茶具较有名的有北京雕漆茶具、福州脱胎茶具、江西鄱阳等地生产的脱胎漆器等，均具有独特的艺术魅力。

漆器茶具的制作精细复杂，一般可分为两类：一是脱胎，就是以泥土、石膏等材料做成坯胎模型，以大漆为黏剂，然后用夏布（苎麻布）或绸布在坯胎上逐层裱褙，待阴干后去除坯胎模型，留下漆布雏形，再经过上灰底、打磨、涂漆研磨，最后添加装饰纹样，便成了色泽明亮、绚丽多彩的脱胎漆器成品；二是木胎及其他材料胎，它们以硬度较高的材质为坯胎，不经过脱胎直接涂漆而成，其工序与脱胎基本相同。

漆器起源于中国，日本从中国学习了漆器技艺后，漆器产品开始在日本茶道文化中占据很重要的地位，并因为各种原因而流传得更加广泛。英文"japan"还有漆器的意思。

第三节　竹 编 茶 具

隋唐以前，我国饮茶虽渐渐推广开来，但仍属粗放饮茶。当时的饮茶器具，除了陶瓷器之外，民间多是用竹木制作而成。陆羽在其《茶经·四之器》中开列的28种茶具，多数是用竹木制作的。这种茶具，来源广，制作方便，对茶无污染，对人体也无伤害，因此，自古至今，一直受到茶人的欢迎与喜爱。但其缺点是不能长时间使用，也无法长久保存，从而失去了文物价值。

但是到了清代，在四川出现了一种竹编茶具，它既是一种工艺品，又富有实用价值，主要品种有茶杯、茶盅、茶托、茶壶、茶盘等，多为成套制作。这种竹编茶具由内胎和外套组成，内胎多为陶瓷类器具，外套则选用慈竹，经劈、启、揉、匀等多道工序，制成粗细如发的柔软竹丝，然后经烤色、染色，再按茶具内胎形状、大小编织嵌合，使之成为整体如一的茶具。这种茶具，不但色调和谐，美观大方，而且能保护内胎，减少损坏；同时，泡茶后不易烫手，并富有艺术欣赏价值。因此，多数人购置竹编茶具，不在于实用，而重在摆设和收藏。

　　四川的细丝竹编起源于清朝道光同治年间，在学习并总结丰富的崇州民间竹编艺术的基础上，张国正将竹篾越划越薄、竹丝越劈越细，器具越编越精致。渐渐地，竹丝细得没有了骨力，难以自己成型，张国正就选用了瓷器、漆器来作为底胎，让竹编依附在底胎上。由此竹编技艺从无胎成型进入了有胎依附的阶段。瓷胎竹编的前身——有胎竹编诞生了。当时这种纯手工制作的精美艺术品，多作为贡品供皇室享用。瓷胎竹编以其"精选料、特细丝、紧贴胎、密藏头、五彩丝"等技术特色在众多民间工艺中独树一帜。细竹编的出现，特别是有胎竹编的出现，使竹编从单纯的实用进入实用与观赏相结合的新境界，步入了工艺美术的行列。

竹编储茶篓

现在四川细丝竹编的生产主要以崇州、青神、邛崃三地为主。瓷胎竹编、竹编书画的生产在经过四川竹编艺人的不断发展后已经形成了一定规模，具有分工明确、较为现代化的生产方式。

竹编型茶壶

第七章

收藏茶具

　　茶具的收藏按质地可分成瓷、陶、玉、石等。按制作工艺或窑口分则种类更多，光表面薄薄的一层釉彩就有几十种。历代茶具中的某些珍稀品种，如唐代邢窑的白釉璧形足茶碗、南宋建窑黑釉兔毫纹茶盏、清代乾隆陈荫千制宜兴紫砂竹节提梁壶等，现在都已是国内外各大博物馆中的珍藏品了。另外，茶是古代文人雅士生活的重要组成部分，传世的图画书法中，也处处可见茶的踪影。这些器物与书画，呈现出古人多姿多彩的茶文化。

　　宋代为饮用末茶的黄金时代，其独特的点茶方式，以及斗茶风气的盛行，把宋代吃茶艺术带向了极致。除原有的青、白瓷瓯外，鹧鸪斑、兔毫、油滴、贴花黑釉纹茶盏等，成了宋人斗茶的新宠。

　　明洪武二十四年（1391年）诏令废制团茶，改制芽茶，自此茶叶冲泡法成为人们饮茶的模式。泡茶的茶壶与喝茶的茶碗、茶盅成为明清时期最主要的茶器。又因为茶香、茶味不可外溢，制好的茶叶不可变色，故贮茶的茶叶罐也是必备茶器之一。

　　清宫藏茶画，华丽且不失雅趣。冷枚《耕织图》上的备茶情景，就是农家的饮茶方式；金廷标《品泉图》则为传统文人品茶的延续；《汉宫春晓图》是典型的仕女茶会雅集，反映了茶与相关艺术的融合场景。水光山色下的品茶情境，充满了诗情画意的人生乐趣。

手捧一杯香茗，把玩或静静地欣赏着茶器、茶画，对常年生活在快节奏中的现代人来说，真是可以清心也。

第一节　石雕茶具

用石壶饮茶，当然远不及紫砂壶的效果，但物趣天成，别具一格，也是雅事。好的茶壶深受各界人士喜爱的原因有二：其一是色优，长期饮茶后壶壁会留下茶渍给人一种旧气和古气之感，收藏家收藏茶壶往往是以旧或古为荣；其二是材质优，石壶是使用天然原石制作而成，透气性强，常泡茶后茶香会渗透到壶壁中，不放茶叶饮茶时也会感到有茶香。

石壶有如下实用价值：

1.石壶透气性强。制壶的天然石材分子结构大，石壶表面没有泥泡浆，茶石更易渗透壶壁中，用石壶久泡茶石茶更香。

2. 石壶夏季泡茶不易变质。因为制壶的天然石材物理性质属于凉性，石材的临界温度也低。

3. 用石壶饮茶有益健康。因为制作石壶使用的材料是天然原石，有相当一部分石材中含有益人体健康的微量元素，如黑胆石、麦饭石、木鱼石等。常用这些石材制作的茶壶饮茶，有保健作用。

石壶有如下观赏价值：

1. 石壶在制造艺术上的创作余地较大。石壶的创造艺术除了可以表现传统的茶壶造型外，还可以根据石材的自然形态、色彩图形的自然形状来设计制作各种造型的石壶。

2. 石壶在雕刻艺术上的创作余地也较大，这由材料的自然属性所决定。石壶的制作材料是硬性的，给工艺师在石壶艺术创作手法上提供了相当的余地。工艺师可以采用浮雕、圆雕、线雕等雕刻手法，充分地表现其思想与精神，使石壶富有艺术生命力。

3. 石壶艺术的独特性，体现在作者创制每枚石壶过程中，石壶材料的自然属性决定了设计制作石壶的独特性。

一、石质茶具

石质茶具最早可以追溯到几千年前，随着时光的流逝，石质茶具从粗陋的容器发展成昂贵的工艺品，取天然材料雕刻而成，是一种融艺术性与实用性于一体的创新。石质茶具的题材非常丰富，大多源于现实生活，有着浓厚的生活情趣，山水人物、花鸟虫鱼皆可入石。

石壶是石制茶具的一大宗。重于实用性的石壶，在取材方面注重石质的内在结构，质地要细腻，保温性要好，还要易于清洗，有利于人体健康，一般选用板岩、灰岩做茶壶质材。而作为纯观赏性的石壶，则讲究纹理、色彩、图案，主要采用一些珍贵稀少的奇石，如昌化石、鸡血石、寿山石等做茶壶质材。

玉岩石做出的壶透气性好，宿茶不腐，泡茶弥香。早在战国时代，工匠们就用江西的玉岩石制作茶壶，玉岩石壶还一度成为贡品和皇宫御物。

玉岩石壶：五龙戏水

　　鸡血石是辰砂条带的地开石，其颜色比朱砂还鲜红。因为它的颜色像鸡血一样鲜红，所以人们俗称鸡血石。我国最早发现的鸡血石是浙江昌化玉岩山鸡血石。目前鸡血石产量相当有限，市场价格日增不减。

鸡血石壶：大红袍

在我国茶文化发展史中，以天然原石制壶是从20世纪80年代开始的。石壶艺术目前已形成三大风格：一是以紫砂茶壶艺术为源本，采用机械加工为主、手工雕刻为辅的仿紫砂造型的石壶，主要是传统雕刻艺术风格；二是以传统雕刻艺术为源本，发展形成了现代写实雕刻艺术风格；三是以自然的观赏石造型为源本，进行适当加工，保留原石原味，有现代抽象寓意的自然造型艺术风格。石壶制作重在选材和设计，从开采出来的形状各异的石块中，根据自己的需要，用机器裁下所需部分。选材时要仔细观察，注意选取没有裂缝、杂质的质材。接着是设计构思，根据不同的形状、纹理和图案因材设计。纵览今人的许多优秀作品，往往在因材制作上下了功夫，造型上有仿古、仿生之作，色调上有酷似紫砂甚至难分彼此的。除去追寻紫砂壶的风格外，石壶自然也有自己的特性，如天然纹理、质感等。

动物形态的石雕茶壶

磐石壶

二、木鱼石茶具

木鱼石是一种非常罕见的空心石头，又叫"太一余粮""禹余粮""石中黄子"，俗称"还魂石""凤凰蛋"，象征着如意吉祥，可护佑众生、辟邪消灾，佛力无边。木鱼石大小不一、形态各异，空腔内有的呈卵形核状，有的呈粉沙状，有的为液体，用手摇动可发出动听的声响。古代的文人墨客利用其中空为盂作砚使用，所盛水墨色味经久不变。

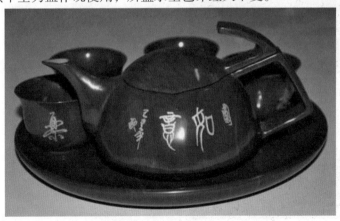

木鱼石茶具

木鱼石茶具是指用整块木鱼石做出来的茶具，主要包括茶壶、竹节杯、套筒杯、冷水杯、茶叶筒等。将水放在木鱼石器具中浸泡两小时，水中溶解的微量元素和矿物质的含量即能达到国家矿泉水限量指标。因木鱼石中铀及稀土元素含量适中，故此茶具的防腐性和通透性好，用其泡茶即便是在酷暑季节，五天内茶水仍可饮用，不会变质。

第二节　玉质茶具

一、白玉茶具

玉质茶具，唐代即出现，大都为皇室贵族所有，到现在仍是不可多得的珍品，最为突出的为白玉茶具。当代中国仍然生产玉石茶具，江北生产的黄玉茶具，通身透黄，光洁柔润，纹理清晰。用玉石做材料所制

新疆和田玉制成的白玉茶具

作的茶具，在茶具史上居很次要的地位。因为这些器具制作困难，价格昂贵，并无多大实用价值，主要用作摆设，来显示主人富有而已。清代是中国玉器制作的鼎盛时期，它集历代之大成，总结并发扬数千年的雕刻技艺，生产出各种各样的玉器，用途之广，雕塑之精，设计之妙，创新品种之多，达到了高峰。在种类繁多的玉石中，新疆和田玉

因色泽洁白、质地细腻尤受国人推崇，而且白玉之白，是君子温润坚贞、含蓄典雅的最好象征。

　　该茶具四杯一壶，保存完好，壁薄如贝壳，线条流畅，茶壶和茶杯的外壁均刻有清晰、细致的线条纹，具有典型的清代"痕都斯坦"风格。"痕都斯坦"玉器在清朝时期从印度、巴基斯坦等西域国家流入我国后，因胎薄如纸的雕琢工艺让人惊叹。乾隆时期，乾隆皇帝特别喜爱痕玉，所以这段时期的宫廷多有选料精良、不惜工本的仿痕玉珍品留传后世。这些玉器的纹饰除借鉴了痕玉的植物花卉纹外，又将我国明清传统的龙凤、山水、人物及吉祥兽鸟等纹饰融于其中，更加完善了痕玉的雕琢风格。历史上将这一类珍品玉器皆归为"痕都斯坦"玉器。

二、玛瑙茶具

　　玛瑙的历史十分遥远。大约在一亿年以前，地下岩浆由于地壳的变动而大量喷出，熔岩冷却时，水蒸气和其他气体形成气泡。气泡在岩石冻结时被封起来而形成许多洞孔。很久以后，洞孔浸入含有二氧化硅的溶液凝结成硅胶。含铁岩石的可熔成分进入硅胶，最后二氧化硅结晶为玛瑙。一般优质天然玛瑙有玻璃和油质光泽，天然图案色泽艳丽明快，自然纯正，光洁细润；纹理自然流畅，最主要的是玛瑙上有渐变色，其颜色分明，层次感强，条带明显。各种级别的玛瑙，都以红、蓝、紫、粉红为最好，颜色要透亮，且应该无杂质、无沙心、无裂纹。玛瑙是佛教七宝之一，自古以来一直被当作辟邪物、护身符使用，象征友善和希望，常被做成饰品吊坠，大的玛瑙石也能制成小茶壶供玩赏用。

有学者分析认为玛瑙出自西域，是因为当时我国开采出来的数量有限，大多来自西域、印度、波斯、日本等的贡品，这些贡品常常是人们认识玛瑙的重要途径。自佛经传入中国后，翻译人员考虑到"马脑属玉石类"，于是巧妙地译成"玛瑙"。由于佛教传入中国，对中华文化产生深远影响，"琼"和"赤玉"等名字也逐渐被"玛瑙"替代。

玛瑙茶壶

玛瑙茶具的保养方法如下：一方面要注意不要碰撞硬物或是掉落，不使用时应收藏在质地柔软的饰品盒内。要尽量避免与香水、化学剂液、肥皂或是人体汗水接触，以防受到侵蚀，影响玛瑙的鲜艳度。另一方面要注意避开热源，如阳光、炉灶等，因为玛瑙遇热会膨胀，分子体积增大影响玉质，持续接触高温，还会导致玛瑙发生爆裂。

在《本草纲目》等书籍中记载玛瑙可以入药，能防止感冒、风寒及冻伤。身上经常发热、发烫，包括手汗、手热者，可以通过长期接触玛瑙来改善症状。

三、金镶玉茶具

相传春秋时楚国人卞和得美玉献给楚文王，琢成璧，称为"和氏璧"。此璧冬暖夏凉，百步之内蚊蝇不近，乃价值连城的稀世珍宝。秦统一中国后，"和氏璧"为秦始皇所得。秦始皇令人将其雕成玉玺，镌李斯所书"受命于天，既寿永昌"八字，再雕饰五龙图案，玲珑剔透、巧夺天工，秦始皇自是爱不释手，视为神物。汉灭秦后，"和氏璧"落入刘邦手中，刘邦将其作为传国玉玺世代相传，一直传了十二代。至西汉末年，两岁的孺子婴即位，藏玉玺于长乐宫。时逢王莽篡权，王莽欲胁迫孝元皇太后交出玉玺。太后不从，一怒之下取出玉玺摔在地上，将之摔掉一角。

王莽见玉玺受损，连声叹息，忙招来能工巧匠修补，那匠人倒也聪明，想出用黄金镶上缺角的奇招，修补后竟也愈加光彩耀目，遂美其名曰"金镶玉玺"，这便是"金镶玉"的由来。可惜，这个稀世国宝"金镶玉玺"后来几经转手，到三国时代就不知去向了。但金镶玉的制作工艺却被传承下来，并由宫廷走向民间，达官贵人中出现各种金镶玉饰物甚至金镶玉筷子等。

　　"金镶玉"又称镀金锡镶工艺，即在玉石、陶瓷、紫砂、琉璃等工艺品表面镶锡包金的工艺称谓。这种特殊的金、玉镶嵌工艺为我国所特有，且历史悠久、制作精美。"金镶玉"是北京奥运会奖牌设计所采用的式样，喻示中国传统文化中的"金玉良缘"，体现了中国人对奥林匹克精神的礼赞和对运动员的褒奖。

金镶玉茶具

第八章

茶具的作用

泡茶的传统茶具有"烹茶四宝"之说，其是指孟臣罐、若琛瓯、玉书碨、红泥烘炉。

孟臣罐是泡茶的茶壶，正宗的孟臣罐是宜兴紫砂制小茶壶。用这种小壶泡出来的茶色、香、味俱佳，盛夏隔夜茶不易馊，经久耐用，久用后以沸水注入也不会爆裂，且使用越久、保养越好，越光泽柔润，韵味十足。

若琛瓯就是小品杯，若琛瓯、孟臣罐合称茶具双臂。若琛瓯也可叫若琛杯，是一种薄瓷小杯，杯薄如纸，白似雪，小巧玲珑，酷似半个乒乓球或微型饭碗，3只小杯叠起来可含于口内而不露。平时，茶盘上只摆3只小杯，呈"品"字形。

玉书碨是煮水的壶，为扁形薄瓷壶，壶的容量只可容纳汤杯泡好一次茶所需的水量。

红泥烘炉是传统的煮水用的炭炉。红泥烘炉选取粤东优质高岭土烧制，高一尺余，置炭的炉心深而小，这样使火势均匀且省炭；小炉有门有盖，有的炉门配有茶联，如"煮沸三江水，同饮五岳茶"，古朴雅致；也有白铁制成的烘炉，小巧精致，以橄榄核、甘蔗渣为燃料，火热、无杂味。

"烹茶四宝"演变至今，不但使茶艺泡茶丰富多彩，而且茶具的使用也增加了许多技法。泡茶已经成为一项外行人觉得新奇有趣、内行人觉得能提高素养的活动。茶艺泡茶的工具种类繁多，大概可分为置茶器、理茶器、分茶器、品茗器、涤洁器等。

第一节　置茶器

一、茶则

茶则，茶道六用之一，量器的一种。在茶道中，把茶从茶罐取出置于茶荷或茶壶时，需要用茶则来量取。茶则作为茶具的一种，在唐代已经有了名分。陆羽《茶经·四之器》曰："则，以海贝、蛎蛤之属，或以铜、铁、竹、匕、策之类。"

茶则既可以用海里的贝类、牡蛎之类来加工，也可以用铜、铁、竹等材料加工。但其后的匕、策，不是指的材料，而是指可以将匕或策当作茶则使用。策不好确定是什么，但匕就是匙、调羹。法门寺出土的唐代茶具中就有匕状茶则，其实叫作茶匙羹更准确。

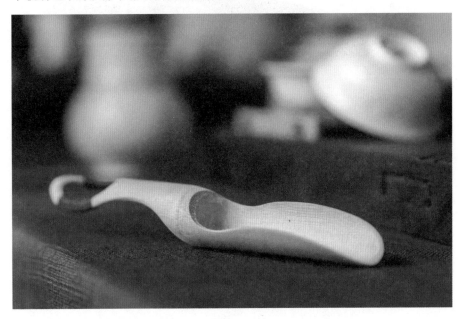

茶则的用途除了舀茶用，蔡襄《茶录》说"钞茶一钱匕"，一则说明用茶匙舀茶，二则说明取茶是有标准的。同时茶匙还用于点茶时的击拂，简单地说是一个搅茶的动作。蔡襄《茶录》曰："茶匙要重，击拂有力。黄金为上，人间以银铁为之。竹者轻，建茶不取。"茶的击拂在斗茶时的茶面效果上是很重要的一个环节。

二、茶匙

茶匙作为置茶器的功能是将茶叶从茶则中拨入壶中，也称茶拨。

三、茶斗

茶斗又称茶漏，是茶艺的主要茶具之一。据陆羽《茶经》"四之器"中所列，连同附件统计，煮茶、饮茶、炙茶和贮茶用茶具共有28件，可见唐朝时茶具的发展已很可观。《茶经》中，茶漏时称漉水囊，常用在小壶冲泡乌龙茶时，放置于壶口，便于将茶叶水倒入茶壶时用，以稳固茶壶，并过滤茶毫或细碎茶渣，能有效过滤茶汤中残留的各种杂质，保存茶汤中对人体有益的物质，使得茶汤口感润滑、色泽透亮，极大提升品茶的乐趣。

茶斗多采用不锈钢、陶土、紫砂、竹、瓷器等制作而成。外形也从传统的单一漏斗状发展为多样化，茶斗与其他茶具一起成为茶艺桌上一道靓丽的风景线。

四、茶荷

茶荷，为茶道六用之一，盛放待泡干茶的一种器皿，形状多为有引口的半球形，通常用竹、木、陶、瓷、锡等材料制成。茶荷的功用与茶则、茶斗相类似，皆为置茶的用具，但茶荷兼具赏茶功能，可用来观赏干茶的外形，主要用途是将茶叶从茶罐移至茶壶。

茶荷主要有瓷器、竹制品，既实用，又可当艺术品，一举两得。没有茶荷时可用质地较硬的厚纸板折成茶荷形状来使用。

它在置茶中也兼具以下多种功能：承装茶叶后，供人欣赏茶叶的色泽和形状，并据此评估冲泡方法及茶叶量多寡，之后才将茶叶倒入壶中。此外，也有人会在茶荷中将茶叶略为压碎，以增加茶汤浓度。

五、茶擂

将茶叶倒入茶荷后，用茶擂适当压碎长条形茶叶，方便投入壶中，以便在冲泡时得到较浓的茶汤。

六、茶仓

茶仓即分装茶叶的小茶罐，泡茶前先将欲冲泡的茶叶倒入茶仓，不但能节省空间，而且比较美观。

第二节 理 茶 器

一、茶匙

茶匙作为理茶器的功能是用来挖取壶内泡过的茶叶，也称茶拨。

二、茶夹

茶夹又称茶筷，茶夹功用与茶匙相同，可将茶水中的渣从壶中夹出，也可用茶夹夹着茶杯清洗，既可以防止烫手，又很干净卫生。

三、茶针

茶针的功用是疏通茶壶的内网（蜂巢），以保持水流畅通。当壶嘴被茶叶堵住时用茶针来疏通，或放入茶叶后用茶针把茶叶拨匀，使得碎茶在底，整茶在上。

由于这些年来普洱茶的兴起，及五金茶针多样化的发展，人们喝普洱茶时便把金属茶针当茶锥使用。

四、茶桨、茶簪

茶叶第一次冲泡时，表面会浮起一层泡沫，此时可用茶桨或茶簪拨去泡沫，使得茶水更纯净。

第三节　分　茶　器

茶海又称茶盅、母杯、公道杯，实为一种茶具，即分茶器，虽名字多样，但功能只有一个——茶壶中的茶汤冲泡完成后，便可将之倒入茶海。

茶汤倒入茶海后，可依喝茶人数多寡分茶。人数多时，可利用较大的茶海冲泡茶两次，再平均分茶；而人数少时，将茶汤置于茶海中，也可避免茶叶泡水太久而生成苦涩味。很多人会在茶海上放置一个滤网，以过滤倒茶时随之流出的茶渣。

第四节 品 茗 器

一、品茗杯

　　品茗杯用于品尝茶味及观赏茶的汤色。故品茗杯多为白瓷、紫砂或者玻璃材质，以便观赏。

二、闻香杯

闻香杯顾名思义，是作闻香之用。其比品茗杯细长，是乌龙茶特有的茶具，多在冲泡台湾高香型乌龙茶时使用。与饮杯配套，加一质地相同的茶托则为一套闻香组杯。

三、杯碟

杯碟是放茶杯的小托盘，杯碟不仅有装点、美化的作用，还可防止茶汤烫手。用杯碟端茶杯十分方便。

四、盖碗

盖碗是由杯盖、茶碗与杯托三件组成的泡饮组合用器，用以盛放泡好的茶汤。

五、大茶杯

大茶杯造型多为直圆长筒形，有盖或无盖，有把或无把，玻璃或瓷质。

第五节　涤　洁　器

一、渣方

渣方用以盛装茶渣。

二、水方

水方又称茶盂、水盂，用于盛接弃置茶水。

三、涤方

涤方用于放置用过后待洗的杯、盘。

四、茶巾

茶巾主要用于擦拭壶，将茶壶、茶海底部残留的水渍擦干。

五、茶盘

茶盘是主要用于盛放茶杯或其他茶具的盘子。

六、茶船

茶船又称茶池、茶洗、壶承，是用来盛放茶壶的器具，也用于盛接溢水及淋壶茶汤。

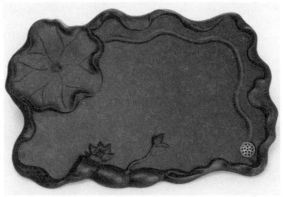

第九章

茶具的鉴别与保养

第一节　茶具的鉴别

一、陶瓷茶具的鉴别

鉴别陶瓷的好坏要遵循"一听二看"的原则。

所谓"听"，是指拿起瓷器用手轻轻敲敲，听发出的声音是否清脆、响亮、悦耳。如果是，这就表示是优质的瓷土制造的瓷器，质量优良；假如敲瓷器时发出的声音粗重浑浊，甚至沙哑，就表示是用劣质的瓷土制造的瓷器，质量奇差。

其次"看"很重要，要仔细反复地看。陶瓷上的图案或雕刻上的花纹应完整、清晰，勾画的装饰金、银线，应粗细一致，透亮美观，即使用手帕用力擦也擦不掉。

随着饮茶之风的兴盛以及各个时代饮茶风俗的演变，茶具的品种越来越多，质地越来越精美绝伦。在选择茶具的时候，更要讲究搭配和谐，瓷器的质地、颜色、大小需要费心甄别一番，这样才能使每个环节相得益彰。

（一）茶壶的选择

选择茶壶，有四字诀来甄别其好坏：小、浅、齐、老。茶壶有二人罐、三人罐、四人罐，四人罐等以孟臣、铁画轩、秋圃、萼圃、小山、袁熙生等制造的最受珍视。壶的式样很多，有小如橘子，大似蜜柑者，也有瓜形、柿形、菱形、鼓形、梅花形等，一般多为鼓形，取其端正浑厚之故。壶的色泽也有多种，但不管款式、色泽如何，最重要的是"壶宜小不宜大，宜浅不宜深"。

（二）茶杯的选择

茶杯的选择也有四字诀：小、浅、薄、白。小则一饮而尽，浅则水不留底，质薄如纸以使其能起香，色白如玉以衬托茶的颜色。茶客常以白地蓝花底平口阔，杯底书"若深珍藏"的"若深杯"为珍贵，但这种茶杯往往很难得到。江西景德镇出品的青花瓷茶具白瓷小杯，也是极好的，被大家称为"白果杯"。

（三）茶洗的选择

茶洗通常形如大碗，深浅色样很多，烹茶必备三个，一正二副，正洗用以浸茶杯，副洗一个用以浸冲罐子，一个用以盛洗茶杯里的水和已经泡过的茶叶。

（四）茶盘的选择

茶盘的选择最重要的也是四字诀：宽、平、浅、白，即盘面要宽，以便就客人人数多时，可以多放几只茶杯；盘底要平，才不会使茶杯不稳，易于摇晃；边要浅，色要白，这都是为了衬托茶杯、茶壶，使之更为美观。

总之在鉴别陶瓷茶具的同时应考虑其实用性及艺术性。陶瓷茶具的造型丰富多样、层出不穷，由于市场的变革，使得许多茶具徒有外形，完全没有基本的实用价值。茶具的好坏并不能以价格的高低去衡量，购买一款适合自己的茶具远比一套外形花哨，但并无实际用途的茶具更为重要。

二、紫砂茶具的鉴别

用紫砂茶具泡茶素来就有"色、香、味皆蕴"和"暑月夜宿不馊"之说，正因为紫砂茶具的实用性，越来越多的爱茶之人对紫砂茶具热烈追捧。如何在众多紫砂壶中，挑选到一把好壶，却是一个极大的难题。紫砂壶既是注重功能性的实用品，又是用来欣赏、把玩的艺术品。因此，鉴别一把紫砂壶的好坏，应从其实用性、工艺性两个方面来考察。

（一）紫砂壶的实用性

紫砂壶为泡茶、注茶所用，所以是否具备实用功能尤为重要。实用功能是指其容积和容量是否恰当，壶把是否便于端拿，壶嘴出水是否流畅，品茗、沏茶的人用之是否得心应手。

制壶人过多地讲究造型的精美，却往往忽视功能实用的现象，处处可见。尤其是很多制壶人自己平时不喜饮茶，造成对饮茶习惯知之甚微，直接影

响了紫砂壶功能的发挥，甚至会出现茶壶"中看不中用"的情况。

其实，紫砂壶与别的艺术品最大的区别，就在于它是实用性很强的艺术品。紫砂壶要格外注重容量适度、高矮得当、盖严紧、出水流畅。因此，选购紫砂壶应依据个人的饮茶习惯，考量壶的容量、壶嘴出水的顺畅程度、壶把执握的舒适程度等。因为透过使用上的舒适感，可以产生身心上的愉悦，使人百玩不厌，珍爱有加。

（二）紫砂壶的工艺性

紫砂壶的工艺性是指制壶人制作的技术水准，也是评审壶艺优劣的准则。一把好的紫砂壶除了壶的流、把、钮、盖、肩、腹、圈足应与壶身整体比例协调，还需要其点、线、面的过渡转折清楚、流畅。

如果抽象地讲紫砂壶的审美，可以总结为形、神、气、态这四个要素。形，即形式的美，是指作品的外部轮廓，也就是我们肉眼所看到的具体的面相；神，即神韵，是一种能令人意会并可以体验出精神美的韵味；气，即气质，是壶艺所内含的本质的美；态，即形态，指作品的高、低、肥、瘦、刚、柔、方、圆的各种姿态。将这几个方面联系起来，才是一件真正完美的作品。

但这里又要区分理和趣两个方面。若壶艺爱好者偏于理，斤斤计较于壶的容积、嘴的曲直、盖的昂平、身段的高低，那就只知理而无趣。一种艺术的欣赏应该在理亦在趣。

将鉴定宜兴紫砂壶优劣的标准归纳起来，可以用四个字来概括，即"泥、形、工、款"。

1. 泥。

紫砂壶得名于世，固然与它的制作分不开，但究其根本原因，是其制作原材料紫砂泥的优越。近代许多陶瓷专著分析紫砂原材料时，均说起其含有氧化铁。其实含有氧化铁的泥，全国各地不知有多少，但除了宜兴，别处就产生不了紫砂泥，只能有紫泥，这说明问题的关键不在于含有氧化铁，而在于紫砂泥的"砂"。根据现代科学的分析，紫砂泥的分子结构确有与其他泥不同的地方，就算是同样的紫砂泥，其结构也不尽相同，有着细微的差别。这样，由于原材料不同，带来的功能效用及给人的感官感受也就不尽相同。

功能效用好的则质优，不然则质差；感官功能感受好的则质优，反之则质差。通常评价一把紫砂壶的优劣，首先要看泥的优劣。但是泥色的变化，只会给人带来视觉观感的不同，与功用、手感无关。而紫砂壶是实用功能很强的艺术品，尤其由于使用的习惯，紫砂壶需要不断抚摩，让手感舒服。因此可以说紫砂质表的触感比泥色更为重要。

2. 形。

紫砂壶之形，是各类器皿中最丰富的，素有"方非一式，圆不一相"之赞誉。如何评价这些造型，也是"仁者见仁，智者见智"。因为艺术的社会功能即是满足人们各种各样的心理需要，大度的爱大度，清秀的爱清秀，古拙的爱古拙，喜玩的爱趣味，不能强求。从笔者角度出发，认为古拙为最佳，大度次之，清秀再次之，趣味又次之。道理何在？因为紫砂壶是整个茶文化的组成部分，它追求的意境，应是茶道所追求的意境——淡泊和平，超世脱俗，而古拙正与这种气氛最相融，所以古拙为最佳。许多制壶艺人，都明白这个道理，就去模仿古拙，结果是"东施效颦"，不伦不类，反而把自己的可爱独特之处丢掉了。

历史上遗留下来许多造型传统古朴的紫砂壶，如石桃、井栏、僧帽、掇球、茄段、孤菱、梅椿、仿古等，这些都是经过时间的洗礼，遗留下的优秀作品，用今天的眼光看，这些作品仍然是独一无二、大放异彩的。譬如石桃壶，据不完全统计，就有一百多种，原因就是古今的艺人们，都把自己的审美情趣融进了他们的作品之中。说起"形"，人们常把它与紫砂壶艺的流派相提并论，认为紫砂壶流派分"花货""光货"等。其实，这是极无道理的，就如戏剧表演家的流派分类，不能以他演什么戏而定，而应以他在戏剧中的表演而定。

3. 工。

中国艺术其实有很多相通之处，如京剧的舞蹈动作与国画的挥毫泼墨，属于豪放一类；京剧唱段与国画工笔，则属于严谨一类；而紫砂壶成型技法与京剧唱段、国画工笔技法，有着异曲同工之妙，也是十分严谨的。

在紫砂壶成型过程中，点、线、面是构成紫砂壶形体的基本元素，必须交待得清清楚楚，犹如工笔绘画一样，起笔落笔、转弯曲折、抑扬顿挫，都必须交待清楚。面须光则光，须毛则毛；线，须直则直，须曲则曲；点，须方则方，须圆则圆，都不能有半点含糊。否则，就不能算是一把好壶。按照紫砂壶成型工艺的特殊要求，

壶嘴与壶把绝对要在同一直线上，并且分量要均衡；壶口与壶盖结合要严密。这也是"工"的要求。

4. 款。

款即壶的款识。鉴赏紫砂壶款的意思有两层：一层意思是鉴别壶的作者是谁，或题诗镌铭的作者是谁；另一层意思是欣赏题词的内容、镌刻的书画，还有印款（金石篆刻）。

紫砂壶的装饰艺术是中国传统艺术的一部分，它具有中国传统艺术“诗、书、画、印”四位一体的显著特点。所以，一把紫砂壶可看的地方除泥色、造型、制作功夫以外，还有文学、书法、绘画等诸多方面，能给赏壶人带来更多精神上美的享受。

（三）鉴别方法

一看。真紫砂壶表面的纹理清新、圆润，视觉上有亚光的效果，壶身有众多分布均匀的类似金属光泽的细小颗粒。有的手工壶内壁，有从中心圆点向四周的放射状线，这些都是在加工工艺过程中形成的。

二摸。真紫砂壶摸上去的手感细腻但不打滑，假紫砂壶摸起来手感粗糙，而且有的会打滑。例如，普通陶土的壶手感粗糙，瓷器的壶手感初摸打滑，如果稍用力按压、摩擦就手感发涩。这是分子结构不同的表现。

三转。转动壶盖，真紫砂壶的壶盖转动起来灵活流畅，并会发出轻微的“丝丝”或者“沙沙”的悦耳的声音，假紫砂壶则会发出沉闷的“哧啦哧啦”的声音。

四听。用盖子轻敲壶体，真紫砂壶敲击的声音清脆悦耳，声音短暂，敲击结束声音戛然而止；普通陶土的假紫砂壶，敲击声音沉闷浑厚且短暂。瓷器敲击的声音比紫砂的更加清脆，有点像金属撞击的声音，一般人不好区分。但是有一点非常明显的区别就是，瓷器的声音波长明显，敲击结束后，声音仍然持续数毫秒，而真紫砂壶是立刻停止。

　　五看证书。一般正品的紫砂壶都有制作者的手写证书，证书通常为宣纸，毛笔书写，书法俊秀。这是因为书法是一个好的工艺师的必修课，好紫砂壶的增值更多体现在书法和绘画的技艺上。证书需加盖印章。印章的落款与紫砂壶底的落款一致。

　　六试水。水浇在真紫砂壶上面，不会形成明显的水珠，水渍是比较均匀的一片，没多久就逐渐被紫砂吸收。

（四）古壶鉴别

　　第一，要注意观察器型。紫砂壶各个时期的特征以这一时期的名家代表作品为主要脉络。大名家制壶，都有其拿手的几种，器型都比较典型。真正想牟大利、赚大钱的制伪者，必然要做高仿品，而且要仿那些器型比较典型的大名家的代表作品。所以购买收藏的人在观察器型，特别是名家作品的时候，不能被表面上的东西所迷惑，要善于观察壶的外形上那些微妙的地方，尤其是在壶体与附件的交接处和过渡处体会制壶者的匠心独运。越是名家的代表作品，它所体现的艺术内涵，就越应该深刻。如果一把壶仅仅在形式上像某位名家的代表作品，而无法使人在深层次上把握其精髓，感受到神韵，那么这把壶肯定是仿品。

了解器型的基本知识，对初入紫砂壶收藏之门的人来说，在鉴别上还是能够起到一定作用的。以紫砂壶通向壶嘴的出水孔为例，它在民国以前一直是独孔，民国之后才出现了多眼网孔，而向壶内凸起的半球形网孔则是 20 世纪 70 年代从日本传来的。假如遇到一把壶，其印章为民国以前某名家，而出水孔呈网眼状，则不必分辨印章真伪，仅凭出水孔形状便可断定此壶是假的。

第二，要注意观察质地。紫砂壶名家成名后的作品一般来说选料比较讲究，其代表作品的材质则更为精良。这种精良具体表现为壶的颜色纯正，颗粒均匀，光泽润滑，胎骨坚实，手头沉重。还可以从泥料的品

种上加以辨别，如"天青泥"是清
代后期出现的，与历代泥料有明显
区别。如果出现一把号称清代中期
以前的"天青泥"壶，那肯定有问题。

第三，要注意观察包浆。长期使
用的旧壶，外表会很自然地产生一层
光泽，是久经茶汁滋养而慢慢渗透出
来的，被称为"精光内蕴"。有包浆
的壶，无论其外表是否有茶渍或尘土，
只要用干净的布轻轻擦拭，都会出现一种光泽，而且越擦越亮，行里人称
之为"包浆亮"。

新壶造旧后，外表多少有些不自然，光泽发贼、发浮、发愣。如果置
于放大镜下仔细观察壶身，还能找到打磨的刮痕。这样的壶还往往有一种
霉馊味，细细嗅辨即可识破。此外，速成的包浆一刷就掉，而真正的老包
浆已与壶身融合成一体，附着性极强，用清洁剂反复清洗也难以擦掉。

第四，要注意观察题款与用印。利用款识冒仿名家作品的方法有以下
三种。

第一种是新壶旧款，即在新壶上直接刻上名家的款识。这种情况包括
名家为了应酬或在市场供不应求时，由学徒或他人代制，盖上自己的印章。
再有就是前代名家的印章流传下来，后人继续使用，借以仿制冒真。

第二种是旧壶新款，即用没有款识的旧壶冒刻前代名家的款识。从文
字上看，旧壶的款大多用阳文，所谓阳文，即是我国古代刻在器物上的文字，
笔画凸起的花纹。新壶如果用阳文，字体因为模仿或显呆板，或笔画长短

粗细不一。如果是用旧壶加刻新款，则所刻文字为阴文，而阴文则是凹入的花纹。

第三种是新壶新款，此类作伪手法颇为常见。现代伪造者多是仿制假的印章或镌刻假的款识，如采用照相制版技术，用铜锌版制出印章。也有一些印章和款识是仿制者凭空臆造的。

（五）考证

鉴定紫砂壶的真伪，可从以下两个方面着手。

一是从亮色上看，真正的紫砂壶体重、色紫，因为长期为人手抚摩，上面呈现出油润的光泽。而新制的紫砂壶一般说来质地都比较疏松，颜色偏黄偏暗，有光亮的少，无光亮的多。即使有光亮，也是用白蜡打磨上去的。

二是从文字上看，旧壶的款都是用阳文，字体极为工整。

三、紫砂茶具和陶瓷茶具的区别

（一）气孔

紫砂是一种双重气孔结构的多孔性材质，气孔微细，密度很高。用紫砂壶沏茶，不但不失原味，而且香不涣散，香味弥久，得茶之真香真味。《长物志》说它"既不夺香，又无熟汤气"。

（二）原料

　　紫砂泥确实是宜兴紫砂壶得天独厚的原料，它在成分上具备了制陶所必需的化学组成及矿物组成。在显微镜下观察发现，紫砂泥主要成分为石英、黏土、云母和赤铁矿。同时这些矿物的颗粒组成适中，具有类似中国南方制瓷原料的特点，即其矿物组成属于黏土。

（三）构造

　　紫砂茶具与施釉的陶瓷茶具相比，茶汤确实不易变质发馊。这种功能由茶壶本身精密合理的造型所决定。紫砂茶具的嘴小（嘴流出口成一定的斜角），壶口与壶盖配合密切，位移公差在 0.5 毫米左右，口盖形式都呈压盖结构。而施釉茶壶，壶嘴大都口朝上，口与盖的位移公差达 1.5 毫米左右，且口盖形式都呈嵌盖结构。由于紫砂茶具制作的精密度高，相比施釉的瓷壶减少了混有黄曲霉等霉菌的空气流向壶内的渠道。因此，相对地延长了茶汁变质发馊的时间。

（四）功能

紫砂泥是一种紫红色或浅紫色的氧化铁含量较高的陶土，由于紫砂茶具坯体不施釉，所以烧成后仍有较大的吸水率和气孔率。据测定，紫砂茶壶的吸水率为 $1.6\% \sim 7.05\%$。因此，其具有良好的吸附气体性能和透气性能，用之泡茶，色、香、味均好。由于紫砂茶具传热缓慢，用沸水泡茶它也不烫手。同时还可放在文火上煮茶，不易烧裂。

（五）工艺

合理的化学、矿物、颗粒组成，使紫泥具备了可塑性好、生坯强度高、干燥收缩小等良好的工艺性能。紫泥粉碎的细度以过 60 目筛为宜。

成型时的精加工工艺，成功地把泥料、成型、烧成三者比较有序地联系在一起，从而赋予紫砂表面光洁，虽不挂釉但还富有光泽，虽有一定的透气性但不会渗漏等特点。

第二节　茶具的保养

一、陶瓷茶具的保养

一般对陶瓷茶具保养的方法主要体现在清洁上，因为茶具很容易沾上一层茶垢，经常有人说茶具上的茶垢越厚，泡出来的茶越香纯，越健康。其实这个说法是错误的，茶垢中含有致癌物，如亚硝酸盐等，对人体健康是极为不利的。

保养茶具的关键是习惯。在每次喝完茶后，把茶叶倒掉，把茶具用水清洗干净。如果能够长期保持这种良好的习惯，茶具则能保持光泽明亮。经过长时间的浸泡，很多茶具都上了茶色，用清水是洗不掉的。茶具保养的正确方法是，挤少量牙膏在茶具上面，用手或棉花棒把牙膏均匀地涂在茶具表面，大约过 1 分钟后再用水清洗这些茶具，这样，茶具上面的茶垢就很容易被清洗干净了。用牙膏清洗，既方便，又不会损坏茶具或伤害手。爱喝茶者也应勤洗杯。对于茶垢沉积已久的茶杯，用牙膏反复擦洗便可除净；对于积有茶垢的茶壶，用米醋加热或用小苏打水浸泡一昼夜后，再摇晃着反复冲洗便可清洗干净。

二、紫砂茶具的保养

（一）新茶壶保养

1. 热身：首先用沸水将紫砂茶壶内外都冲洗一次，将表面尘埃除去，然后将茶壶放进没有油渍的煲里，用 3 倍高度的水煮 2 小时，这样茶壶的泥土味及火气都会去掉。

2. 降火：将豆腐放进茶壶内，放双倍水煮 1 小时。豆腐所含的石膏有降火的功效，而且可以将茶壶残余的物质分解。

3. 重生：挑选自己喜欢的茶叶，放入茶壶内煮 1 小时。最好是龙井茶叶。这样茶壶便不再是"了无生气"的死物，脱胎换骨后，吸收了茶叶精华，第一次泡茶便能够令饮茶人齿颊留香。

（二）使用中的茶壶保养

1.泡茶之前先冲淋热水。泡茶之前，最好是先用热水将茶壶内外冲洗一遍，这种做法兼具去霉、消毒与暖壶三种功效。

2.趁热擦拭壶身。泡茶时，因水温极高，茶壶本身的毛细孔会略微扩张，水气会呈现在茶壶表面。之后可以用一条干净的细棉巾，放在茶汤后的间隙中，分几次把整个壶身拭遍，这样就可利用热水的温度，使壶身变得更加亮润。

3.泡茶时，勿将茶壶浸入水中。有些人在泡茶时，习惯在茶船内倒入沸水，以达到保温的功效，这种做法是不可取的。

4.每次泡完茶后，应倒掉茶渣，用热水冲去残留在壶身的茶汤，以保持壶里壶外的清洁。

5.壶内勿浸置茶汤。泡完茶后，务必把茶渣和茶汤都倒掉，用热水冲淋壶里壶外，然后倒掉热水。

6.把茶壶冲淋干净后，应打开壶盖，放在通风易干处，等到完全风干后再妥善收存。

7.绝对不能用洗洁精或化学清洁剂刷洗紫砂壶，因为这样做不仅会将壶内已吸收的茶味洗掉，甚至会刷掉茶壶外表的包浆。

三、玻璃茶具的保养

1.玻璃制品容易破碎，所以在使用、清洁、保养时应轻拿轻放，避免玻璃茶具之间相互碰撞。

2.玻璃茶具怕火烤，也怕沸水冲烫，使用时应注意水温不宜过高，避免玻璃茶具破裂。

3.在使用完之后应该彻底清洁茶具，用棉布将茶渍清除干净，以免产生异味。

4.玻璃茶具上的茶垢，可用软毛刷蘸醋、盐混合成的溶液轻轻刷洗。将玻璃茶具用水冲净后，倒入约40摄氏度的温水将其刷净，再用麻质抹布包裹，轻轻擦干，或将玻璃茶具倒立，令其自然干燥。

四、金属茶具的保养

1.新品：冷水清洗后，热水冲洗，再用一般茶叶冲泡一两次。

2.旧品：壶身外表可用牙膏、牙粉，棉布（忌用硬菜瓜布）擦拭清洗，用擦银布更佳，收藏忌碰撞，宜用软纸或细布包裹。

3.壶身内：壶身内的保养可以用清水加白醋煮过，再用清水煮一两次；或用热水冲洗，至洁净无味为止。

五、竹木茶具的保养

1.牛奶保洁法：用一块干净的抹布放在过期不能食用的牛奶或一般食用牛奶里浸泡一下，然后用抹布擦拭茶具，去除污垢的效果很明显，谨记最后要用清水擦一遍。此法适用于各种茶具。

2.肥皂保洁法：每次使用完以后，应将竹木茶具清洁一次，清洁时可用柔软的茶巾、抹布或海绵蘸温和的肥皂水进行擦拭，待干透后，再用家用油蜡进行涂抹，使之光亮润泽。

3.茶水保洁法：油过漆的茶具沾染了灰尘，可用纱布包囊茶叶渣进行擦拭，或用养壶笔蘸冷茶水对灰尘处进行重复的抹擦，会使茶具特别光洁明亮。

4.牙膏保洁法：茶具表面使用久了会变黄影响美观，可用抹布蘸上适量牙膏或牙粉擦拭，油漆的颜色即可由黄转白，但不能用力摩擦，以免破坏茶具表面的油漆。

5.白醋保洁法：在热水里加适量的白醋，再用软布擦拭，适用于竹木茶具保养或沾染了油墨迹茶具的清洁。

6.啤酒保洁法：取1400毫升煮沸的淡色啤酒，加14克糖及28克蜂蜡，充分混合，当混合液冷却后，用软布蘸混合液擦竹木茶具，再用干软布擦拭，适用于竹木茶具的清洁。

7.柠檬保洁法：竹木茶具被烟头等热烫后留下的痕迹，可先切半个柠檬擦拭，再用浸在热水中的软布进行擦拭，最后用干布快速擦干即可恢复如初。

竹木茶具注重日常的保养，可定期进行打蜡，只有平时多保养才能常用常新。此外，茶具上的灰尘不要用鸡毛掸拂扫，因为飞扬的尘土会重新落到茶具上，最好用半湿的茶巾进行擦拭。

六、瓷器茶具（收藏品）的保养

假如保养不当，会严重危害瓷器，不利于瓷器持久保管，特别是传世和出土的精品，更应该精心保养。瓷器的保养必须遵照轻拿轻放、小心慎重的准则，同时，保养瓷器时，也不能对瓷器造成维护性损伤。

1. 瓷器都是易碎品，在保管时应注意防震、防挤压、防碰撞。

2. 刚买回来的高温釉或釉下彩瓷器，应先放在清水中浸泡1小时，再用洗洁精洗掉表面的油污，用毛巾擦干水分后用盒子装上，盒中应有泡沫充垫，且加了泡沫后直径不能超越藏品0.5厘米，藏品放在盒中应松紧恰当，同时应防止挤压，以防损伤藏品。

3. 出土的低温釉及釉上彩，在釉彩上会渗入很多杂物，以至会呈现脱釉、脱彩的现象，应先在胎釉之间掺加少量的黏合剂，在彩上再涂较软的黏合剂，以防彩釉大面积零落。假如是公开埋藏较长时间的高温釉或釉下彩，在瓷器外表还产生很多钙质、硅质化合物，即土锈，可先用清水清洗一次，用3%双氧水浸泡3小时左右，再用清水浸泡30小时以上，用清洁白布清洗，一般可除去土锈。假如除不尽，可用刷子蘸上醋酸，刷在土锈处，5小时后用医用手术刀斜削除去土锈，刀片只能向一个方向削。待大部分土锈去除后，再用白洁布和牙膏清洗，直到土锈完整去除，这种办法只适用于高温釉和釉下彩。

4. 在洗刷油污等积垢时，应注意以下技巧和办法：

（1）普通的污渍能够用碱水清洗，也可用肥皂、洗衣粉清洗，再用净水冲净。

（2）彩色瓷器，有的因颜色中铅的成分较多，呈现泛铅现象，可先用棉签蘸上白醋擦洗，再用清水洗净。

（3）冬季洗刷薄胎瓷器，要控制好水温，以防冷热水的交替使瓷器发生爆裂。

（4）假如瓷器有开片或冲口裂纹等现象，污渍容易"沁"入其中，可用牙刷蘸些酸性液体刷洗。但釉上彩器物，不能用此办法，这是因为酸、碱性物质易损伤釉彩。

假如是描金彩瓷器，不可用鸡毛掸子做清洁，这是因为鸡毛掸子易损伤瓷器上的描金。

宝贵瓷器珍藏时应配有相应尺寸、带胆的木箱或木盒，以便保管珍藏。

参 考 文 献

[1] [唐] 陆羽. 茶经校注. 沈冬梅, 校注. 北京: 中国农业出版社, 2006.

[2] [晋] 常璩. 华阳国志校注. 刘琳, 校注. 成都: 巴蜀书社, 1984.

[3] [宋] 李昉, 等. 太平御览. 北京: 中华书局, 1960.

[4] 熊宪光. 汉魏六朝散文选注. 长沙: 岳麓书社, 1998.

[5] [晋] 陈寿. 三国志. [宋] 裴松之, 注. 北京: 中华书局, 2006.

[6] [梁] 萧子显. 南齐书. 北京: 中华书局, 1972.

[7] [唐] 房玄龄, 等. 晋书斠注. 吴士鉴, 刘承干, 注. 北京: 中华书局, 2008.

[8] 刘纬毅. 汉唐方志辑佚. 北京: 北京图书馆出版社, 1997.

[9] 张溥. 汉魏晋六朝三百家题辞注. 北京: 人民文学出版社, 1960.

[10] 刘诗中. 从江西茶具谈古人饮茶习俗. 东南文化, 1989(3):54-58.

[11] 袁行霈. 中国文学作品选注. 北京: 中华书局, 2007.

[12] 陈祖梁, 朱自振. 中国茶叶历史资料选辑. 北京: 中国农业出版社, 1981.

[13] 陈文华. 长江流域茶文化. 武汉: 湖北教育出版社, 2003.

[14] 王仁湘, 杨焕新. 饮茶史话. 北京: 中国大百科全书出版社, 2003.

[15]　[唐] 虞世南 . 北堂书钞 . 北京：中国书店，1989.

[16]　黄千麒 . 茶僧诗的渊源关系浅探 . 茶叶通讯，1994(3):38.

[17]　史仲文 . 中国文言小说百部经典 . 北京：北京出版社，2000.

[18]　[后魏] 贾思勰 . 齐民要术校释 . 缪启愉，校释 . 北京：中国农业出版社，1982.

[19]　[南北朝·宋]刘义庆 . 世说新语译注 . 张万起，刘尚慈，译注 . 北京：中华书局，1998.